令人大開眼界的 貓頭鷹圖鑑

ときめくフクロウ絵図鑑

前言

我第一次開始畫貓頭鷹，是小學的時候。

有著像人類一樣的面孔、不倒翁般的站姿、毛茸茸的身體、銳利得發光的爪子……當我還是個孩子時，就被貓頭鷹的模樣所震撼，心想：「好酷！怎麼會有這麼適合畫下來的生物啊！」

當時我畫出來的作品出乎意料還不錯，然而，我立刻發現「並不是因為我的繪畫技巧很好，而是模特兒選得太棒了！」從此之後我便無法停止畫貓頭鷹了。

對我而言，貓頭鷹的魅力不只是「長得很可愛，很適合畫下來」，貓頭鷹還隱藏著和可愛外表截然不同的特點，是很有「反差萌」的一種鳥類，所以才會這麼吸引我吧！

貓頭鷹的知名度幾乎可以和烏鴉或麻雀相提並論，但實際見過牠本尊的人卻很少，好像「大家都認識牠，卻對牠不是非常了解」，真是不可思議。

前言

其實，貓頭鷹是令人畏懼的夜間獵人，在看起來惹人憐愛的外表下，擁有非常卓越的能力，這是專屬於牠的魅力。

直到今天，我仍然持續在畫貓頭鷹，希望讓更多人認識牠們，因為這種看似不可思議又神祕的鳥類，其實就生活在我們的周遭哦。

本書透過豐富的插畫來介紹貓頭鷹，包含日本的野生貓頭鷹在內，一共有八十種以上各具特色的貓頭鷹，書中會一一揭開牠們驚人的能力，以及令人意想不到的生活方式。

我相信當你了解得越多，越能體會到貓頭鷹世界的深奧，不過請小心，因為你只要稍微往這個世界探頭，很可能就會和我一樣深陷在貓頭鷹的魅力中不可自拔！

永田 䅈

目次

前言 ... 2

第1章 最神祕卻又最可愛的鳥類！個性豐富的貓頭鷹 ... 9

- 鴞、角鴞都是貓頭鷹！差別在於有沒有「耳朵」？ ... 10
- 貓頭鷹都是「呼—呼—」叫？實際上的叫聲是？ ... 12
- 貓頭鷹是很安靜的鳥類嗎？飛翔時靜悄悄，但其實⋯⋯ ... 14
- 從古早時期就開始的諧音梗！你聽到的貓頭鷹鳴聲像是？ ... 16
- 除了夜晚，也會在白天活動？晝行性與晨昏性的貓頭鷹 ... 18
- 破解貓頭鷹習性的錯誤謠言 晝行性與晨昏性的錯誤謠言 ... 20
- 原來有這麼多種類！認識野生貓頭鷹 ... 22

日本野生貓頭鷹11種

- 長尾林鴞 日本的代表性貓頭鷹 ... 24
- 東方角鴞 體型超小的藏身高手 ... 26
- 在各島嶼都深受喜愛 優雅角鴞 ... 28
- 寶石般的眼睛彷彿會吸走靈魂 北領角鴞 ... 30
- 澄澈的叫聲與珍珠般的斑紋 鬼鴞 ... 32
- 以驚恐的臉告訴你夏日的到來 褐鷹鴞 ... 34
- 長長角羽配上惹人愛的虎斑臉龐 長耳鴞 ... 36
- 角羽短短、翅膀卻很長的御風天才 短耳鴞 ... 38
- 聞名世界的魔法貓頭鷹 雪鴞 ... 40
- 會動的都是獵物？貓頭鷹界最強獵人 鵰鴞 ... 42
- 巨大體型和一眼難忘的長相 毛腿魚鴞 ... 44

觀察貓頭鷹時，務必保持適當距離喔！ ... 46

第2章 長相、行為各不相同！世界各地的貓頭鷹夥伴們

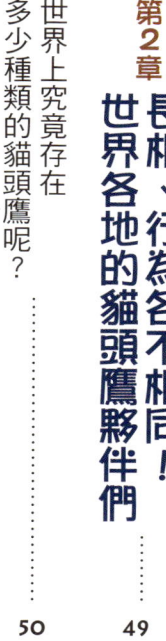

世界上究竟存在多少種類的貓頭鷹呢？ …… 49

愛心形狀的可愛小臉蛋　**西方倉鴞** …… 50

美麗的橘黑斑紋，臉卻像被燻燻灰？　**灰面草鴞** …… 52

還有很多喔！　**草鴞屬的成員們** …… 54

讓人捉摸不透的謎之個性！　**栗鴞** …… 56

強大威猛的森林王者！　**猛鷹鴞** …… 58

更多豬肉……不如更多蟲蟲？　**紐西蘭鷹鴞** …… 60

白色臉龐被畫了黑色括弧？　**北方白臉角鴞** …… 62

像子彈一樣飛快衝刺！　**猛鴞** …… 64

眼睛上方那撮是白眉毛嗎？　**冠鴞** …… 66

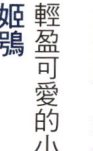
在天上飛的卡通玩偶？　**棕櫚鬼鴞** …… 68

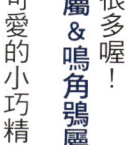
待在陸地時間最長的貓頭鷹　**穴鴞** …… 70

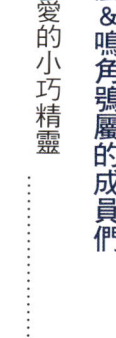
女神的專屬坐騎　從古至今都是人氣王！　**橫斑腹小鴞** …… 72

迷人的圓滾滾雙眼與大領巾　**縱紋腹小鴞** …… 74

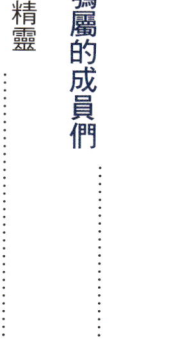
藏在樹皮中的躲貓貓高手　**領角鴞** …… 76

到哪都能生存的超強適應力！　**歐亞角鴞** …… 78

還有很多喔！　**西美鳴角鴞** …… 80

角鴞屬＆鳴角鴞屬的成員們 …… 82

輕盈可愛的小巧精靈　**姬鴞** …… 84

…… 86

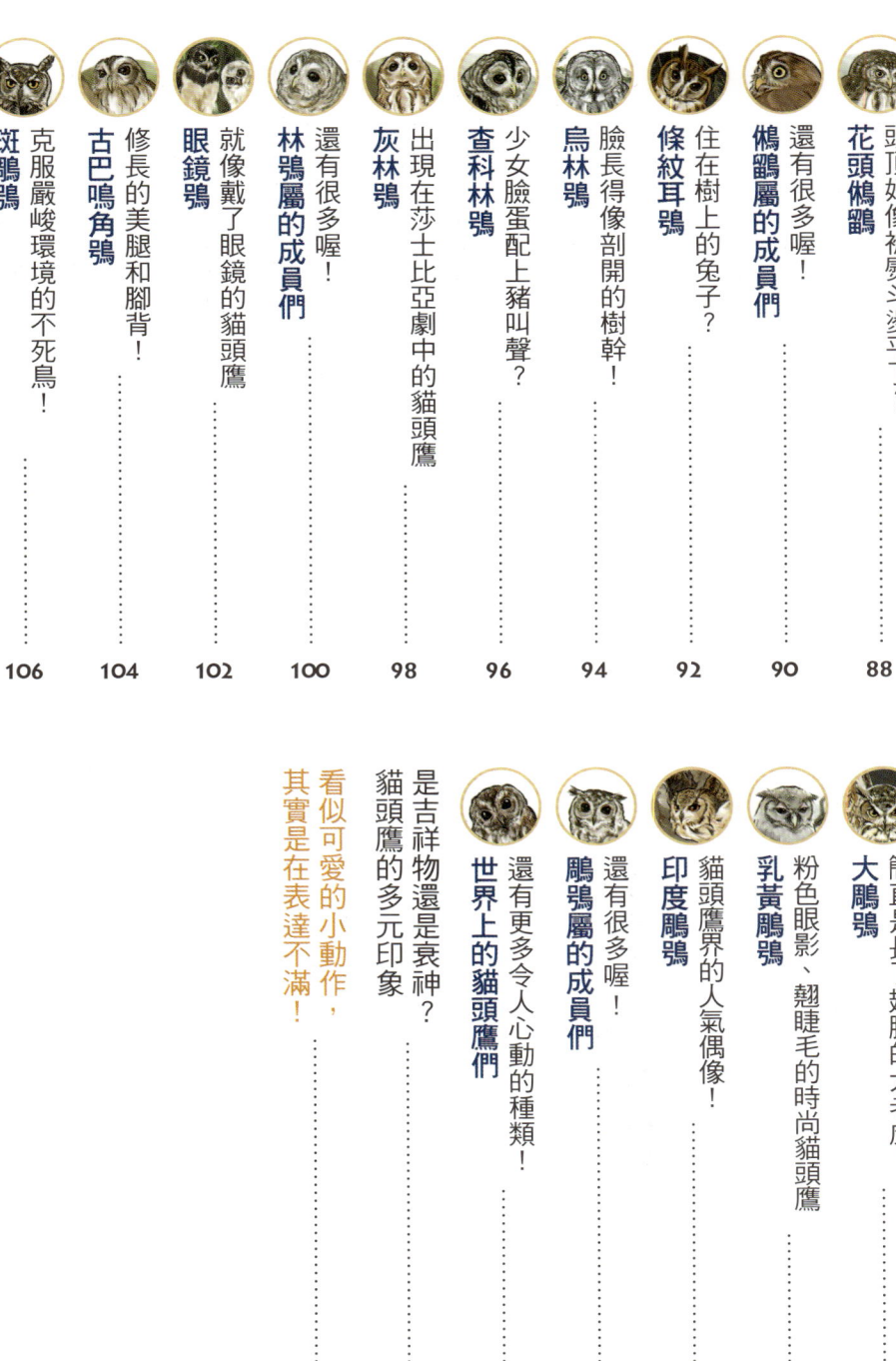

頁碼	標題	副標題
106	斑鵰鴞	克服嚴峻環境的不死鳥！
104	古巴鳴角鴞	修長的美腿和腳背！
102	眼鏡鴞	就像戴了眼鏡的貓頭鷹
100	林鴞屬的成員們	還有很多喔！
98	灰林鴞	出現在莎士比亞劇中的貓頭鷹
96	查科林鴞	少女臉蛋配上豬叫聲？
94	烏林鴞	臉長得像剖開的樹幹
92	條紋耳鴞	住在樹上的兔子？
90	鵂鶹屬的成員們	還有很多喔！
88	花頭鵂鶹	頭頂好像被熨斗燙平了？
108	大鵰鴞	簡直是長了翅膀的大老虎！
110	乳黃鵰鴞	粉色眼影、翹睫毛的時尚貓頭鷹
112	印度鵰鴞	貓頭鷹界的人氣偶像！
114	鵰鴞屬的成員們	還有很多喔！
116	世界上的貓頭鷹們	還有更多令人心動的種類！
118	貓頭鷹的多元印象	是吉祥物還是衰神？
120	看似可愛的小動作，其實是在表達不滿！	

第3章 再怎麼可愛還是猛禽！貓頭鷹的身體解密

貓頭鷹依據狩獵環境不同，具備的能力也不同 …… 123
拍動翅膀卻不會發出聲音？具有消音作用的神奇羽毛 …… 124
瞬間化身樹木忍者！體型忽胖忽瘦的祕密 …… 126
又長又健壯！用腳爪施展必殺技 …… 128
貓頭鷹是怎麼站在樹上的？自由轉動的靈活腳趾 …… 130
感知能力是人類的一百倍！在黑暗中保有立體視覺的雙眼 …… 132
面帶微笑，其實是在睡覺？不可思議的三層眼皮 …… 134
就像一架碟形收音器！敏銳感知聲音的獨特面盤 …… 136
左右兩邊位置竟然不一樣，隱藏起來的耳朵 …… 138
從耳朵裡看得到眼球？支撐大眼睛的奇妙骨頭 …… 140
上下左右靈活旋轉的脖子到底轉了幾圈呀？ …… 142
看起來小小的……卻可以一口吞掉獵物的嘴巴 …… 144
怪表情無極限！能自由移動的臉部肌肉 …… 146
貓頭鷹會享受食物嗎？能吃出味道、聞到氣味嗎？ …… 148
牠好像受傷了？救援貓頭鷹前請留意！ …… 150

第4章 從築巢到育幼，貓頭鷹日常大公開

貓頭鷹的生活方式大家都不一樣也沒關係！ …… 152
喝水要優雅慢慢喝，洗澡卻是一瞬間結束！ …… 155

貓頭鷹的保養神器竟然是自製屁屁膏！ 160

窗戶上有貓頭鷹的幽魂！為什麼會撞上玻璃呢？ 162

嘴巴好像吐出了什麼東西！那個神祕塊狀物是？ 164

身為夜間王者的貓頭鷹，白天卻被小鳥們欺負！ 166

這時候牠在做什麼呢？不同季節的貓頭鷹生活樣貌 168

禮物是一定要的！貓頭鷹的求愛儀式 170

不擅長築巢，那就……乾脆借住在別人家？ 172

和雞蛋有點像耶？又白又圓的貓頭鷹蛋 174

從毛羽稀疏到蓬鬆柔軟！雛鳥的飛速成長 176

把肚子貼平，像鴨子一樣！雛鳥超可愛的趴睡姿態 178

踏上前往新世界的旅途！幼鳥準備離巢 180

為了我的孩子，跟你拚了！親鳥在緊要關頭會搏命演出 182

當你發現落單的幼鳥，請別帶回家！ 184

後記 186

參考文獻 189

索引 190

＊關於書中使用的貓頭鷹學名、英文名，是參考山崎剛史、龜谷辰朗、太田紀子於二○一七年所發表的《山階鳥類學雜誌》第 49 卷第 1 期 31～40 頁。本書會以世界廣泛認知的名稱為主，但部分貓頭鷹在日本特有的稱呼也會列入參考。

第1章

最神祕卻又最可愛的鳥類！個性豐富的貓頭鷹

鴞、角鴞都是貓頭鷹！差別在於有沒有「耳朵」？

我們都是貓頭鷹

圓滾滾

角鴞

有「耳朵」　　　貓頭鷹

一般而言，有「耳朵」的，大多會被稱為「角鴞」，但並不代表沒有耳朵的才叫做鴞，不過牠們都屬於貓頭鷹。

這不是耳朵，而是由數根羽毛所組成的「角羽」。

「鴞和角鴞究竟哪裡不一樣呢？」只要你是喜歡貓頭鷹的人，一定被問過這個問題。答案很簡單，「頭上有看起來像耳朵一樣的羽毛的，特別被稱作角鴞，但牠們也屬於貓頭鷹」。也就是說，鴞、角鴞只是我們習慣的稱呼，但在生物學分類上，牠們皆屬於「鴞形目」，並歸類於不同類群。以英文來說，牠們兩者的名稱都是「Owl」，但也有像日本一樣，將角鴞稱作「有耳朵的貓頭鷹（Eared Owl）」或「有角的貓頭鷹（Horned Owl）」的標示方法。看來「耳朵」的有無，確實會大大影響外表給人的印象呢！

不過，其實在牠們頭上被稱作「角羽」的羽毛，並沒有耳朵的功能，因為如果說角羽是耳朵，

第 1 章　最神祕卻又最可愛的鳥類！個性豐富的貓頭鷹

有人說角羽是貓頭鷹為了「偽裝」，讓自己可以融入四周環境的顏色，也有人說角羽會在牠們生氣時立起、放鬆時放下，是一種表達情感的方式，但目前仍沒有人知道正確解答。

圓圓的

沒有角羽的褐鷹鴞，牠的日文名稱作「綠葉（アオバ）鴞（ズク）」，由來是「在綠葉時節飛來的鴞」。

毛毛的

看起來略有角羽的毛腿魚鴞，名稱的由來是因為牠不只身體，腳上也覆蓋著羽毛，並且是以魚為主食。

挺挺的

擁有挺立角羽的條紋耳鴞，牠在日本的名稱「タテジマフクロウ」，字面上的意思也是「直條紋的貓頭鷹」。

那麼沒有角羽的貓頭鷹不就沒有耳朵了嗎？牠們真正的耳朵可是好好地長在眼睛旁邊呢！那麼，意思是有角羽的貓頭鷹稱作角鴞，那麼沒有角羽的貓頭鷹就稱作鴞嗎？大致上如此沒錯。

日文裡關於貓頭鷹名稱的由來，有很多不一樣的說法。在過去，「鴞（ズク）」是稱呼貓頭鷹的古老詞彙。而現在所說的「貓頭鷹（フクロウ）」，則是由日文單字「膨るる」（意思是長得膨膨的）、「晝隱居」（意思是白天不活動）等詞彙轉變而來。在古代，還有「飯豐」「サケ」等各式各樣的稱呼，但現在都已經不復存在，僅留下「貓頭鷹（フクロウ）」和「角鴞（ミミズク）」這兩種說法，是偶然保留到現代的幸運詞彙。

11

貓頭鷹都是「呼—呼—」叫？實際上的叫聲是？

其實「呼—呼—」代表的聲音有很多種。例如印度鵰鴞的叫聲像是開朗的歐吉桑用偏高的聲音在笑。

小狗「汪汪」、小貓「喵喵」，那麼，說到貓頭鷹的叫聲……果然還是「呼—呼—」吧！在電影或動畫中的夜晚場景，也常為了營造氣氛，而使用「呼—呼—」的叫聲來象徵貓頭鷹。可是，事實上貓頭鷹並不會以一定節奏和音調發出連續兩次的「呼—呼—」叫聲，當然這也不完全是人類憑空想像創造出來的聲音，而是為了讓大家更容易浮現出貓頭鷹的畫面，所模擬出來的叫聲哦。

實際上，生活在日本的貓頭鷹（例如長尾林鴞）會發出「呼、呼—，勾囉嘶給呼、呼—」或是「呼呼呼呼呼呼」的叫聲，而且從以前開始就和人類的活動範圍很接近；令人熟悉的褐鷹鴞，

12

第 1 章　最神祕卻又最可愛的鳥類！個性豐富的貓頭鷹

現在使用貓頭鷹（通常是長尾林鴞）本尊叫聲的場面變多了。

畫面中和聲音竟然是不同的貓頭鷹，可惜啊！

英文通常用「hoot」來表示貓頭鷹的叫聲，而在歐洲夜晚的場景則常常使用灰林鴞的叫聲。

則是以宏亮的聲音發出「呼—喝—，呼—喝—」的叫聲，可以說是最接近我們想像的貓頭鷹叫聲了。

貓頭鷹依據其種類不同，發出的叫聲也不盡相同，只是這些叫聲被人類統一歸納為「呼—呼—」而已。當然不能說完全是錯的，但是當「呼—呼＝貓頭鷹叫聲」的連結被建立之後，其他發出「呼—」叫聲的鳥類也會被誤以為是貓頭鷹，或是明明貓頭鷹就在附近鳴叫，人類卻沒有察覺的情況也很多。隨著之後介紹的內容，各位可以上網搜尋各種貓頭鷹的叫聲，相信你會非常意外，因為實在太多元了。事實上，貓頭鷹的叫聲擁有更多、更豐富的變化，是非常有趣的喔！

13

貓頭鷹是很安靜的鳥類嗎？飛翔時靜悄悄，但其實……

嘎—嘎 嘎啊嘎啊嘎啊

夜空中迴響著雌長尾林鴞的叫聲。那尖叫聲驚人的穿透力，使人不禁猜想究竟森林裡潛伏著什麼樣的野獸。

說到貓頭鷹，一般我們聯想到的是動也不動、也不太發出聲音的樣子，給人非常安靜的印象。

當牠們在狩獵時，為了避免被獵物發現自己的氣息，會持續靜靜待在一旁，時機一到便靜悄悄地展翅，在一瞬間抓住獵物！白天，牠們隱身於自然風景中，為了不被任何人發現，不會做出多餘的動作。從這些行為看來，貓頭鷹確實是很安靜的鳥類，但其實牠們與夥伴溝通時最不可或缺的便是鳴聲。不論是為了判斷自己或是對方是誰的「個體辨識」、「威嚇」，或是幼鳥對父母親催促「肚子餓了」的時候等，正因為夜行性動物的貓頭鷹沒辦法很清楚地看見彼此，所以時常發出鳴聲。

14

第 1 章　最神祕卻又最可愛的鳥類！個性豐富的貓頭鷹

西方倉鴞的鳴聲尖銳到彷彿可以劃破空氣。由於牠嘰一嘰一的鳴叫聲，在英國甚至被暱稱為「尖叫貓頭鷹」。

貓頭鷹的鳴聲各式各樣。被飼養的貓頭鷹因為沒有鳴叫的必要，所以幾乎都很安靜，但只要情況一改變，牠們是會發出叫聲的。

鳥類的鳴聲，可以分為「鳴唱」與「鳴叫」兩種。繁殖期響徹遠方的鳴聲屬於「鳴唱聲（song）」，基本上，雄鳥在繁殖期時會透過鳴唱聲來宣示領域。以貓頭鷹來說，牠們會鼓起喉嚨、使盡全身力氣來使聲音產生共鳴，有些聲音的音量甚至大到可以傳播至兩公里遠的地方。

而不分男女老幼，鳥類平時發出的鳴聲則屬於「鳴叫聲（call）」。以貓頭鷹來說，我們通常認為牠們的鳴叫聲是「呼一」，但其實牠們也會發出像「喵」、「汪」的聲音，或是像人類尖叫時的「啊！」等，有相當多元的聲音喔！當你覺得「怎麼半夜裡好像有像狗的動物在叫？」時，也有可能是貓頭鷹呢。

15

從古早時期就開始的諧音梗！你聽到的貓頭鷹鳴聲像是？

呼、呼—勾囉嘶給 呼、呼—

wuhu huwuho-huwuwo!

每個人對聲音的印象不盡相同，光憑擬聲詞很難判斷跟真實的聲音是否相似，比如我就無法忘記得知美國的雞叫聲是「cock—a—doodle—doo」的衝擊。

鳥兒以優美的鳴唱聲為我們帶來了歡樂，但要模仿出那樣的叫聲是相當困難的，更別說是要用文字表達了。為了用人類的語言淺顯易懂地表達鳥類的鳴叫聲，出現的便是「擬聲詞」。註

長尾林鴞的鳴唱聲「呼、呼—，勾囉嘶給呼、呼—（Hohhō, Gorosukehohhō）」聽起來很像日文裡的「五郎助奉公（Gorosuke-bōkō）」、「穿破衣奉公（Yabure-goromobōkō）」、「上膠並晾乾（Noridzukehose）」，也因為這樣，日本有個著名的民間故事《貓頭鷹染坊》，裡頭經營染坊的貓頭鷹每天在幫客人的羽毛染色時，就會一邊把「上膠並晾乾」掛在嘴邊；也有人說牠的叫聲其實是想表達「明天會放晴，

※註：比如著名的日本樹鶯，其叫聲為Hōhokekyo，日語便寫作「法、法華経」；竹雞的叫聲為Chottokoi，日語則寫作「チョットコイ」（中文譯為：來一下）。

16

第 1 章　最神祕卻又最可愛的鳥類！個性豐富的貓頭鷹

雄鳥的鳴唱聲對同性來說具有「這裡是老子的領土！滾出去！」的意思，對雌鳥來說則是「我很強大喔！來這裡吧！」

現在我們稱佛法僧是「身主佛法僧」，而東方角鴞則有了「聲主佛法僧」的別名。

所以先把衣服洗起來吧！」類似這樣，流傳於民間的有趣故事非常多。

另外，過去東方角鴞的鳴唱聲「卜波索」，因為經常在山中佛教聖地聽見，因此當時的人便將發出這種叫聲的鳥取名為「佛法僧（日語發音同卜波索）」，但是實際上取名者並沒有見過東方角鴞，因為牠是不會在白天出現的夜行性鳥類，所以，當時的人其實是誤把白天看見的另外一種鳥取名為「佛法僧」。過去雖然也有很多人主張那應該是東方角鴞的叫聲，但直到一九三五年被證明為止，長達一千年的時間，這個叫聲都被認錯了主人呢。

除了夜晚，也會在白天活動？晝行性與晨昏性的貓頭鷹

在傍晚活動的花頭鵂鶹和猛鴞，與一般夜行性貓頭鷹不太相同，反而和晝行性鳥類相似的地方比較多呢。

現今，雖然分類依據有不同，但在已發現的約一萬一千種鳥類中，只有3％左右是夜行性的喔！而且以生物分類學來說，在這些夜行性鳥類當中，屬於「鴞形目」的貓頭鷹們佔了絕大多數。為了能在夜間狩獵，牠們具有與白天的猛禽類不太一樣的能力，所以才會說，「貓頭鷹是夜間的王者」。關於這個能力的祕密會在本書第三章詳細說明。

不過，令人驚訝的是，身為夜行性鳥類代表的貓頭鷹中，竟然也有在白天活動的「晝行性」貓頭鷹呢！像是花頭鵂鶹和猛鴞，都屬於晝行性的貓頭鷹，只是這樣的貓頭鷹並沒有棲息在日本。不過，臺灣的鵂鶹和黃魚鴞則會在白天活動。

第 1 章　最神祕卻又最可愛的鳥類！個性豐富的貓頭鷹

我們很難直接斷言世界上一共有多少鳥類存在，在其中又有多少比例屬於夜行性。根據每個地區不同，有著些許差異的「亞種」可能會被歸為不同的鳥類，也可能被歸為相同的鳥類。果然，大家的意見都不太相同呢。

哇！也太像！

卜波索　叩叩喝喝　咕咿—

東方角鴞　我是優雅角鴞啦！　蘇拉威西角鴞

優雅角鴞曾經被歸類為東方角鴞的亞種，或是蘇拉威西角鴞的亞種，不過現在已經獨立為一個物種了。

我們也是夜行性鳥類～

夜鷺　夜鷹

偏向晝行性　偏向夜行性　走啊走　晃阿晃

我們熟悉的貓咪或狗狗，都是屬於晨昏性的動物喔！

貓頭鷹中，約有 3％ 是屬於晝行性的、70％ 是夜行性的，而在清晨或傍晚時活動的「晨昏性」貓頭鷹則佔 22％，剩下的 5％ 則是幾乎無從得知其生態的「不明狀態」。但即便這麼說，這些晝行性、晨昏性、夜行性的說法，並不是絕對的區分，依據觀察者的不同，也會產生些微偏差。

而且，夜行性的貓頭鷹，在白天也不是完全不活動喔。有的貓頭鷹雖然是夜行性，但在育幼時期，白天也會勤奮狩獵；有的貓頭鷹則是在白天也會出現，但要等到日落後才開始真正的狩獵。

就好像原本屬於晝行性動物的人類中，也有很多人是夜貓子呀，人和鳥都很難一概而論呢。

黃色眼睛就是晝行性？
破解貓頭鷹習性的錯誤謠言

深棕色眼睛
長尾林鴞

橙色眼睛
北領角鴞

黃色眼睛
優雅角鴞

跟眼睛顏色無關，我們都是夜貓子！

「貓頭鷹的眼球（虹膜）顏色與牠們的活動時間有關，如果眼睛是黃色的，那麼就是白天活動；橙色的話表示在清晨或傍晚活動；深棕色的則是在晚上出來活動。」你是否曾經聽過這樣的冷知識呢？確實，亮色系的眼睛看起來好像更適合白天活動，暗色系的眼睛則適合夜晚，如果真的是這樣區分還滿有趣的！

可惜的是，這個在網路論壇被討論得真假難分的傳言，是誤會一場。像是生活在日本的貓頭鷹，眼睛的「虹膜」就有黃色、橙色、棕色，但是這些貓頭鷹不是夜行性就是晨昏性。而且，其實有大約一半的貓頭鷹虹膜都是黃色的，如果說這些貓頭鷹都是晝行性的，那麼貓頭鷹就不再是

20

第 1 章　最神祕卻又最可愛的鳥類！個性豐富的貓頭鷹

綠葉背景中的褐鷹鴞（夜行性）

會在白天狩獵的短耳鴞（晨昏性）

在太陽下山後、難以拍攝到的時間，才是貓頭鷹們開始積極狩獵的時候。雖然我們看到的貓頭鷹照片大多是白天拍攝的，但這並不代表牠們是晝行性的喔！

多數雪鴞生活在北極圈，北極圈的白晝時間很長，夏季甚至會出現太陽永遠高掛的永晝現象，所以雪鴞容易被認為是晝行性鳥類，但在日本觀察到的雪鴞比較偏向晨昏性呢！

被飼養的貓頭鷹們不得不配合人類的作息活動，如果能瞭解牠們原本的習性，就能讓牠們過得更舒適了！

夜行性鳥類的代表了吧。

話雖如此，無風不起浪，在國外有研究虹膜顏色與貓頭鷹活動時間關聯性的團隊，他們認為暗色系虹膜的貓頭鷹，因為不容易被敵人察覺牠們瞳孔的移動，所以適合在夜晚狩獵（但其實貓頭鷹在夜晚時，瞳孔是完全擴張的狀態，所以外觀看起來幾乎是一片黑喔）。還有，十分稀少的晝行性貓頭鷹，其虹膜也幾乎都是黃色的！

目前研究上，黃色或橙色虹膜的夜行性貓頭鷹很多，所以對於亮色是晝行性、暗色是夜行性這個推論，有太多的例外擺在眼前，也就不能斷言「貓頭鷹虹膜的顏色跟活動時間相關」了。

21

原來有這麼多種類！認識野生貓頭鷹

在日本有哪些種類的貓頭鷹呢？令人雀躍的消息是，現今已經有十一種貓頭鷹了，而且牠們的個性各不相同喔！在這些貓頭鷹中，有的是候鳥，比如在秋季時飛到日本過冬的「冬候鳥」、在初夏時飛到日本繁殖的「夏候鳥」，還有不隨著季節遷徙，一直待在同一個地區生活的「留鳥」等。接下來的內容會開始詳細介紹日本每一種貓頭鷹！

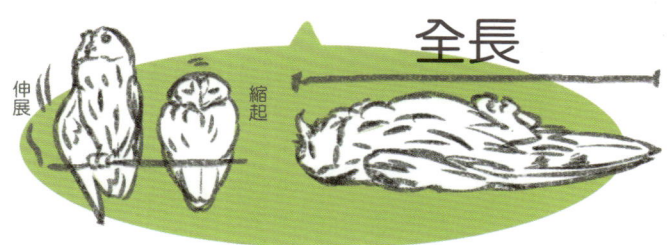

下圖是按照身高排列日本的11種野生貓頭鷹。順帶一提，後續內容出現的「全長」，指的是從鳥喙到尾羽末端的長度，尾羽越長，代表體型看起來越小。而且，貓頭鷹除了有個體差異，姿勢的不同也會使印象產生改變，請把下圖當作「大概是這個比例」來參考即可。

22

第1章　最神祕卻又最可愛的鳥類！個性豐富的貓頭鷹

自然紀念物
毛腿魚鴞

學術上非常珍貴的存在

自然紀念物指的是動物、植物、地質、礦物等與當地自然界有關的紀念物，是由法律指定而產生的。

極度瀕臨滅絕！

毛腿魚鴞　鵰鴞　鬼鴞
瀕臨絕滅IA類（CR）

日本會將瀕危物種登錄在《日本紅皮書名錄》（由環境省製作），這是一本收錄可能滅絕野生生物的名冊，其中根據滅絕風險程度再分成下列級別。也有由國際機關或日本各級都道府縣※所製作的名錄。

※雖然不完全一致，但幾乎日本的所有貓頭鷹都被一部分的都道府縣指定為瀕危物種！

| 絕滅
（EX） | 野外絕滅
（EW） | 瀕臨絕滅I類
（CR+EN） | 瀕臨絕滅IA類
（CR） | 瀕臨絕滅IB類
（EN） | 瀕臨絕滅II類
（VU） | 近危
（NT） |

瀕危物種

冬候鳥　　體型參考

毛腿魚鴞　　鵰鴞　　雪鴞　　長尾林鴞　小嘴烏鴉

日本野生貓頭鷹11種之1

日本的代表性貓頭鷹
長尾林鴞

林鴞屬　長尾林鴞

學　名　*Strix uralensis*　　全　長　約50～60cm
英文名　Ural Owl　　　　　　體　重　約500～1300g

第1章　最神祕卻又最可愛的鳥類！個性豐富的貓頭鷹

本州南部、四國、九州附近：長尾林鴞九州亞種
本州中部附近：長尾林鴞樅山亞種
本州北部附近：長尾林鴞本州亞種
北海道附近：長尾林鴞日本亞種

雖然不是確切的分類，但在日本的長尾林鴞可以粗略分為長尾林鴞日本亞種、長尾林鴞本州亞種（常常聽到的本土亞種是錯誤的說法）、長尾林鴞樅山亞種、長尾林鴞九州亞種這四個亞種。據說越往南方，羽毛顏色越深的個體數量越多。

大致可分為4個亞種……？

長尾林鴞展開翅膀時的橫向身長可達一公尺，像不倒翁一樣的體型配上長長的尾羽，全身被柔軟蓬鬆的羽毛所覆蓋住，身高和烏鴉大致相同，但體型寬度卻幾乎是烏鴉的兩倍呢。因為長尾林鴞的日文名稱和一般貓頭鷹的通稱一樣，都叫做「フクロウ」，為了區別兩者，有時也會直接使用英文稱牠作「Ural Owl」，或是音譯為「烏拉爾貓頭鷹」。

從歐亞大陸北部、挪威到日本都有牠們的蹤跡喔！在日本甚至可以說幾乎全國都有長尾林鴞棲息。一般認為牠們住在森林深處，但事實上長尾林鴞偏好與人類居住區域很近的里山地區，因為被適度開發過的森林較能提供可狩獵的開闊區域。

津津有味

雖然田鼠等齧齒類動物是牠們的主食，但是配合環境狀況，牠們也會捕食蛙類、鼴鼠、鳥類、昆蟲等，食性範圍很廣喔。

| 日本野生貓頭鷹11種之2 |

體型超小的藏身高手
東方角鴞

角鴞屬　東方角鴞

學　名　*Otus sunia*　　全　長　約17～20cm
英文名　Oriental Scops Owl　體　重　約75～95g

第 1 章　最神祕卻又最可愛的鳥類！個性豐富的貓頭鷹

全身鮮豔的紅色系東方角鴞，在日本也被暱稱為「柿仔鴞」。

醒目角羽和黃色虹膜的眼睛、斑紋錯雜如枝葉的羽毛。

牠是全日本最小，只比麻雀稍微大一點的貓頭鷹，廣泛分布在亞洲，屬於日本的夏候鳥，每到夏季時，就會飛到櫸木林等落葉闊葉林或針闊混合林棲息。如同其日文名「木葉鴞」字面的意思，東方角鴞具有像樹葉一般小小的身體，以及能隱身於林木之間的複雜羽毛斑紋，是日本所有貓頭鷹之中最難找到的。

東方角鴞以又高又清澈的聲音發出「卜、波索—」的叫聲。雖然是夜行性貓頭鷹，但或許是因為領域性較強的關係，所以在白天也會鳴叫，而且有時候只要有一隻開始鳴叫，其他同伴也會跟著一起鳴叫。牠們主要的獵物是昆蟲或蜘蛛。

據說每到秋天就會往南方飛，但也曾經出現牠們在日本本州過冬的記錄，目前還有很多關於東方角鴞的未解謎題呢。

27

日本野生貓頭鷹11種之3

在各島嶼都深受喜愛
優雅角鴞

角鴞屬　優雅角鴞

學　名　*Otus elegans*　｜　全　長　約20～22cm
英文名　Ryukyu Scops Owl　｜　體　重　約100～110g

第1章　最神祕卻又最可愛的鳥類！個性豐富的貓頭鷹

優雅角鴞的羽毛顏色比東方角鴞來得深，偏向紅褐色，會捕食蟑螂、蜘蛛、蜈蚣等看起來比牠的身體大很多的獵物……

吃飯囉～ん

垂──落

日本的優雅角鴞主要棲息在奄美大島以南的地區，跟東方角鴞長得非常相似，要從外表判斷牠們的差別有點難度，但牠們的棲息地與鳴聲都有所不同。到了繁殖時期，可以常常聽到優雅角鴞的雌雄鳥相互二重唱的聲音，雄鳥以低沉的聲音發出「叩、叩呼，叩、叩呼」的聲音，雌鳥則以「啾啊、啾啊」的聲音回應。

日本的優雅角鴞屬於地區性的亞種，而菲律賓的卡拉延群島、臺灣的蘭嶼，還有日本的南大東島等，這幾個島上也都有亞種存在，牠們之間的鳴聲也不大相同。其中，南大東島的大東亞種，由於人類的積極研究，關於牠們個體的基因資訊或是繁殖生態等，已慢慢變得明朗。

日本南大東島的大東亞種，雌鳥的數量特別少，推測是因為牠待在巢中的時間很長，因此更容易成為貓和鼬鼠捕食的目標。

29

日本野生貓頭鷹11種之4

寶石般的眼睛彷彿會吸走靈魂
北領角鴞

角鴞屬　北領角鴞

| 學　名 | *Otus semitorques* | 全　長 | 約21〜25cm |
| 英文名 | Japanese Scops Owl | 體　重 | 約130g |

第 1 章　最神祕卻又最可愛的鳥類！個性豐富的貓頭鷹

全身紅色系偏多的北領角鴞琉球亞種

也有這種頭部略大、宛如四角形，後方有淺灰色花紋，棲息於日本沖繩的北領角鴞琉球亞種。

北領角鴞的眼睛有著從深紅色到琥珀色，彷彿紅寶石一般的美麗虹膜。牠不只體型小，鳴聲也很小，不容易被聽到，另外，由於牠會發出像貓一樣的「喵」叫聲，所以也有人稱牠為「貓鳥」。

棲息於中國東北部、俄羅斯庫頁島、日本全國，屬於一整年都停留在同一地方的留鳥，不過，住在北方或是較高海拔山區的北領角鴞，會像冬候鳥一樣往溫暖的地區移動。

在遷徙時期，北領角鴞可能會因為長途移動而導致體力不支，使得被救援件數增加。因此，比起在野外自然觀察到牠們的蹤跡，更容易發現的是需要救援的北領角鴞。

一臉呆滯待在路邊

蜷縮在地面上

不少專家接到民眾告知「我撿到小貓頭鷹」，結果一看是北領角鴞。貓頭鷹即使暫時被拾獲民眾帶走、保護，也很難得到正確的照顧，反而容易變得更虛弱（建議做法請參考第152頁）。

※編註：在臺灣若發現受傷的貓頭鷹，當下可聯繫各地野鳥救傷單位，或撥打1999通報當地縣市政府，並提供貓頭鷹狀況及救傷地點，交給專業人員判定處置方式。

31

日本野生貓頭鷹11種之5

澄澈的叫聲與珍珠般的斑紋
鬼鴞

鬼鴞屬　鬼鴞

學　名　*Aegolius funereus*
英文名　Boreal Owl（Tengmalm's Owl）

全　長　約22～27cm
體　重　約90～215g

第 1 章　最神祕卻又最可愛的鳥類！個性豐富的貓頭鷹

在芬蘭，由於鬼鴞身上有白白圓圓的斑點，因此稱為「珍珠貓頭鷹」；在北美地區則是統一使用英文名稱「Boreal Owl」；在歐洲的話，通常稱之為「Tengmalm's Owl」。

鬼鴞棲息的地區很廣，從歐亞大陸橫跨到北美大陸。有一顆大大的頭，使人印象深刻的鬼鴞，過去在日本認為是極罕見的冬候鳥，但現今在北海道已經有幾起成功繁殖的案例。話雖如此，鬼鴞在日本屬於留鳥，但一整年都停留在同一地區的數量極少，所以也被列入日本瀕危物種之一。

雖然鬼鴞在日本很少見，但在歐洲卻是很普遍的貓頭鷹。一夫多妻的情況也很多，每次下蛋的數量從三個到最多八個都有，在貓頭鷹中也算是偏多的呢。牠們有時候會在夜間發出清澈的「波、波、波、波」叫聲，響徹整個夜空。

鬼鴞的聽覺發達，臉部肌肉也很靈敏，警戒時，頭上會鼓起像角羽一樣的凸角。

日本野生貓頭鷹11種之6

以驚恐的臉告訴你夏日的到來
褐鷹鴞

鷹鴞屬　褐鷹鴞

學　名	*Ninox japonica*	全　長	約30cm
英文名	Northern Boobook	體　重	約140～250g

第 1 章　最神祕卻又最可愛的鳥類！個性豐富的貓頭鷹

牠曾經被認為與鷹鴞（Ninox scutulata）是同一個物種，但在最新的分類中已成為一個獨立的物種，學名為Ninox japonica。

和鴿子差不多大小的褐鷹鴞，是在大約五月時會從東南亞飛到日本的夏候鳥，如同牠的日文別名——「綠葉鴞」，就是取自「在綠葉時節飛來」的緣故。如果上網搜尋，通常找到的是牠在白天出沒的照片，而且背景是綠葉林，但牠其實是夜行性鳥類。

擅長飛翔的褐鷹鴞，擁有老鷹般小小的頭部和長長的尾羽，日落後便開始在林木間穿梭，一下急轉彎、一下飛到空中捕食昆蟲。進食時，牠會吐出不能消化的部分，所以進食完後，地上散落著蟬、甲蟲、蛾等的翅膀或殼，看起來簡直一團亂。褐鷹鴞琉球亞種屬於留鳥，主要棲息在日本奄美大島以南的地區。

褐鷹鴞白天警戒時的表情看起來一臉驚恐，到了夜晚則轉變為圓滾滾的大眼睛，非常可愛。

35

日本野生貓頭鷹11種之7

長長角羽配上惹人愛的虎斑臉龐
長耳鴞

耳鴞屬　長耳鴞

學　名　*Asio otus*
英文名　Long-eared Owl
全　長　約35～40cm
體　重　約200～440g

第 1 章　最神祕卻又最可愛的鳥類！個性豐富的貓頭鷹

我縮—
變身樹木模式
休息模式
好想睡…
活動模式
嘰—

除了本來的巢穴之外，鳥類還有專門睡覺的「棲息場所」。冬季時，長耳鴞有成群聚集在一棵樹上休息的習慣。

長耳鴞廣泛分布於北半球地區，包含英國、歐洲大陸、中國北部，以及北美洲從加拿大南部到墨西哥北部的範圍。在日本地區的長耳鴞，有在日本北部繁殖，冬天往南遷徙的個體，所以本州南部也能發現屬於冬候鳥的長耳鴞。

牠們的翅膀有多長呢？長到收起來的時候幾乎要把尾羽覆蓋住，整體身軀看起來非常修長。長耳鴞的英文名稱直譯就是「長耳朵的貓頭鷹」，牠們的角羽非常長，白天時會用力豎起角羽、縮起羽毛讓身體變瘦，隱藏在樹木之中。但是一到夜晚便會表情大變，張開緊繃的臉部肌肉、撐開雙眼，全力瞄準最愛的田鼠！

嘰—
嘰—

牠們喜歡以烏鴉的舊窩作為巢穴。幼鳥們全身包著蓬鬆的羽毛，可是角羽卻格外突出，藏不住呀。

順帶一提……

長耳鴞
Long-eared Owl

短耳鴞
Short-eared Owl

37

日本野生貓頭鷹11種之8

角羽短短、翅膀卻很長的御風天才
短耳鴞

耳鴞屬　短耳鴞

學　名　*Asio flammeus*　　全　長　約35～45cm
英文名　Short-eared Owl　　體　重　約205～500g

第 1 章　最神祕卻又最可愛的鳥類！個性豐富的貓頭鷹

短耳鴞的個體差異大，表情變化也很多。雌鳥的羽毛比雄鳥白。

有著幾乎不會被察覺的迷你角羽，以及臉龐像歌舞伎演員的「隈取妝容」一般，深色的羽毛包裹著黃色的眼睛，令人印象深刻，牠就是短耳鴞。

除了南極和澳洲以外，其餘大陸都可以觀察到牠的蹤跡，在日本屬於冬候鳥，會飛至開闊的草地或河岸地帶棲息。

短耳鴞常常從太陽還沒下山就開始在地面附近盤旋，或是在空中施展「定點懸停」來尋找獵物，所以也可以說是最容易觀察到的貓頭鷹。和其他貓頭鷹相比，領域性較弱，曾有人目擊到牠們在雜草叢生的地面聚在一起、但保持一定距離休息的姿態。

短耳鴞行經遙遠的距離、長途跋涉來到日本，展翅時的模樣非常優雅。

39

日本野生貓頭鷹11種之9

聞名世界的魔法貓頭鷹
雪鴞

鵂鶹屬　雪鴞

學　名　*Bubo scandiacus*（*Nyctea scandiacus*）	全　長　約50〜70cm
英文名　Snowy Owl	體　重　約700〜2950g

第 1 章　最神祕卻又最可愛的鳥類！個性豐富的貓頭鷹

雪鴞的雄鳥跟雌鳥外表明顯不同，是貓頭鷹當中相當稀有的情況。在分類上屬於鵰鴞的同類，有著小小的角羽。

雪鴞的模樣如同牠的名稱，全身覆蓋著像雪一般白皙、蓬鬆柔軟的羽毛，黑色的眼圈圍繞著黃色虹膜的眼睛，特別引人注目，屬於大型貓頭鷹。雄鳥幾乎是全身雪白，與此對比，雌鳥和幼鳥身上卻有著深棕色的斑點或橫條紋。

牠們原本棲息在北極圈的凍原帶，但性格放浪不羈的牠們，常南下到美國喬治亞州或蒙古等地度冬，在日本北海道也可以觀察到牠們的蹤跡喔。

旅鼠是牠們的主食，因此有人認為旅鼠的增減也會影響到雪鴞數量的增減，但作為冬候鳥飛到外地時，牠可是鳥類、魚類什麼都吃的，真有趣呢。

受到知名電影作品的影響，在國外不少人開始飼養起雪鴞，違法販售或棄養的人也因此增加。其實雪鴞所需領域範圍廣大，性格也很暴躁，想要飼養必須要付出許多努力才行。

| 日本野生貓頭鷹11種之10 |

會動的都是獵物？貓頭鷹界最強獵人
鵰鴞

鵰鴞屬　鵰鴞

學　名　*Bubo bubo*　　全　長　約60～75cm
英文名　Eurasian Eagle-Owl　體　重　約1500～4600g

第1章　最神祕卻又最可愛的鳥類！個性豐富的貓頭鷹

鵰鴞西伯利亞西部亞種

鵰鴞華南亞種

在韓國被指定為國家天然紀念物

鵰鴞的外觀依地區會有很大的不同。在日本奄美大島上觀察到的鵰鴞華南亞種，體型較小（但已經相當大）、顏色為棕色；棲息在西伯利亞西部的亞種，體型較大、羽毛顏色偏淺。

鵰鴞是世界上最大的鴞形目鳥類，廣泛分布於歐亞大陸，有十二到十六個亞種棲息在不同地區。日本的奄美大島和五島列島都曾觀察到牠們的蹤跡，在北海道也有牠們繁殖的案例，但不管在哪裡，數量都非常稀少，因此被列為瀕危物種。在歐洲也因為環境破壞或人類迫害而使鵰鴞數量大為減少，不過現在透過保育活動的努力，已經恢復了不少。

只要能給牠們適合的環境，居於食物鏈頂端的鵰鴞就無所畏懼了，從老鼠、兔子到幼鹿，牠們能攻擊比自己明顯重很多的獵物，堪稱是貓頭鷹界最強的獵人呢！

鵰鴞也經常獵捕其他猛禽類，例如東方鵟（鷹科的一種，大小與烏鴉差不多）或長耳鴞等。當然也會攻擊狐狸或浣熊的孩子，結果反而使自己的巢穴受到攻擊⋯⋯野外世界是非常嚴苛的啊。

日本野生貓頭鷹11種之11

巨大體型和一眼難忘的長相
毛腿魚鴞

鵰鴞屬（魚鴞屬） 毛腿魚鴞

| 學　名 | *Bubo blakistoni*（*Ketupa blakistoni*） | 全　長 | 約60～70cm |
| 英文名 | Blakiston's Fish Owl | 體　重 | 約3400～4500g |

44

第 1 章　最神祕卻又最可愛的鳥類！個性豐富的貓頭鷹

雖然牠們也捕捉老鼠和兔子，但最喜歡的還是魚！依分類方式不同，有時會和以捕食魚類為主的黃魚鴞一同歸類為魚鴞屬。

展開翅膀的橫幅約有一百八十公分長，是日本最大的貓頭鷹。在日本，牠棲息於北海道東部，包括知床半島和釧路等地，毛腿魚鴞則生活在俄羅斯東部亞東北亞亞種則生活在俄羅斯東部等地。毛腿魚鴞的日文名字「シマフクロウ」中的「シマ」是「島」的意思，源自「蝦夷島（北海道）」的貓頭鷹」一說。牠們的主要食物是魚類，也許是因為狩獵時翅膀的聲音被聽到也沒關係，所以拍打翅膀時會發出很大的聲音呢。

牠們在一九七〇年代被列入日本瀕危物種，後來由日本野鳥學會帶頭努力，截至二〇二二年，數量自七十隻增加到一百七十隻，仍在慢慢恢復中。

巨大的棕色身體，以及閃耀著金色光芒的眼瞳，和深沉低啞、震撼人心的鳴唱聲，實在令人印象深刻呀！

北海道原住民的阿伊努人稱毛腿魚鴞為「寇湯・寇羅・咖姆伊（擁有村莊的神）」，毛腿魚鴞作為村莊的守護神和神鳥，受到人們的敬畏和崇拜。

觀察貓頭鷹時，務必保持適當距離喔！

當我們越是了解貓頭鷹的魅力，就越想親眼見見野生的貓頭鷹，然而，貿然行動可能會造成貓頭鷹的困擾喔。

人類視角　快樂賞鳥日

賞鳥＝觀察野鳥的活動

這是第N年來賞鳥了～雖然已經快要日落了，但據說前幾天在這附近有貓頭鷹幼鳥出沒的樣子，沒拍到我是不會放棄的！

喀嚓

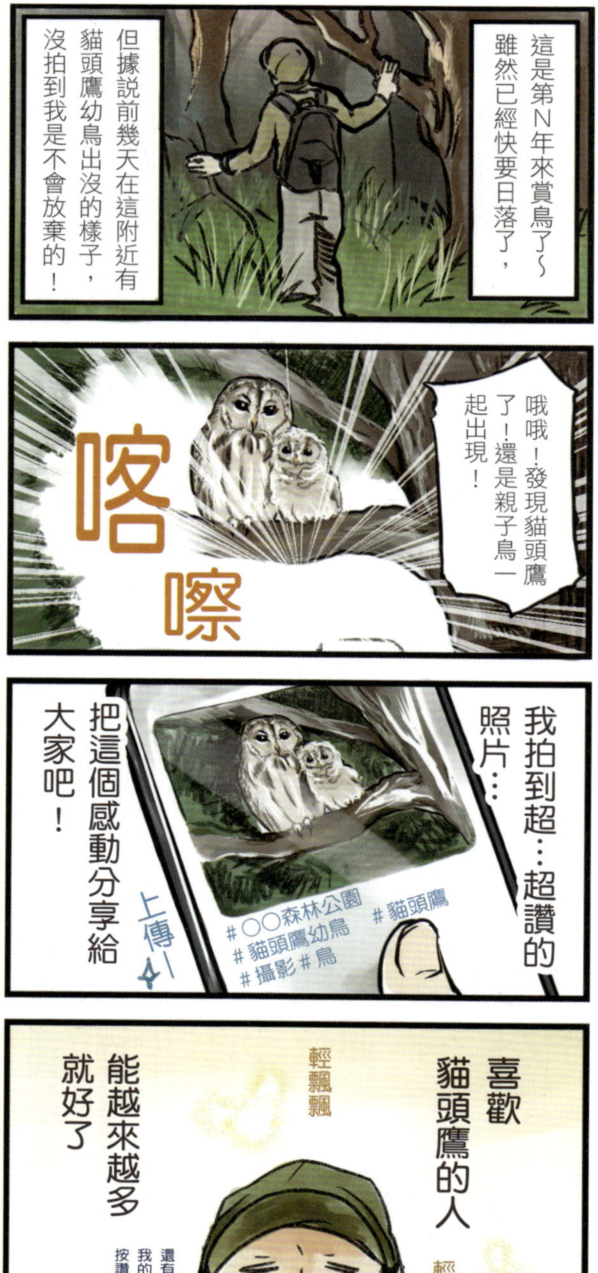

哦哦！發現貓頭鷹了！還是親子鳥一起出現！

我拍到超…超讚的照片…把這個感動分享給大家吧！

#○○森林公園
#貓頭鷹幼鳥
#攝影 #鳥
#貓頭鷹

上傳

喜歡貓頭鷹的人能越來越多就好了

輕飄飄

還有我的按讚數……

輕飄飄

46

貓頭鷹視角 發生什麼事了???

進入野生動物棲息地時，請不要忘記考量到自然環境。長時間徘徊、踐踏雜草、撥動樹枝、發出很大聲響等等，即使對人類而言是微不足道的小動作，也會帶給自然界意想不到的影響。

遇到貓頭鷹時，一定會忍不住想要拍照，但絕對不能使用閃光燈或照明設備這類發出強光的裝置，因為貓頭鷹對光的敏感度是人類的100倍！這麼做可能會造成牠們眼睛眩光而意外從樹上墜落。

幼鳥和珍稀鳥類往往容易吸引人們的注意，但是如果在網路上發布牠們的位置訊息，一旦消息擴散開來，可能會造成大批人潮湧入。你能想像被廣大人群和攝影機包圍，會對牠們造成多大的壓力嗎？

正在撫養幼鳥的野鳥容易變得神經質，牠們有可能會因為警惕人類，而放棄巢穴或無法繼續餵養幼鳥。此外，當人們聚集在一起時，也會讓烏鴉等聰明的生物知道「那裡有什麼好東西」，增加幼鳥和其他動物受到攻擊的風險。所以請以適當的距離來享受野鳥觀察的樂趣吧！

47

在鄉下常聽到的謎樣聲音的主人原來是金背鳩!

咕—咕—波、波—
咕—咕—波、波—

不是!!

啊!有貓頭鷹在叫

第 2 章

長相、行為各不相同！世界各地的貓頭鷹夥伴們

世界上究竟存在多少種類的貓頭鷹呢？

種（亞種）

- 長尾林鴞 Strix uralensis
  - 長尾林鴞本州亞種 S. u. hondoensis
  - 長尾林鴞日本亞種 S. u. japonica
  - 長尾林鴞樅山亞種 S. u. momiyamae
  - 長尾林鴞九州亞種 S. u. fuscescens
  - etc.
- 灰林鴞 Strix aluco
- 烏林鴞 Strix nebulosa
- etc.

查詢鳥類分類時，我通常以下面幾個資料為依據：

IOC World Bird List Version 13.1（2023年2月）	250種貓頭鷹
Handbook of the Birds of the World and BirdLife International Digital Checklist of the Birds of the World Version 7（2022年12月）	244種貓頭鷹
The Clements Checklist of Birds of the World（2022年10月版）	246種貓頭鷹

世界上有各式各樣的分類，可能是因為出現了需要改變現有分類方式的新論證，也可能是因為發現新物種。隨著研究的進步，貓頭鷹的種類和分類仍然持續改變中。

貓頭鷹有著各式各樣不同的種類，以目前來說，全世界大約有二百五十種，然而，這個數字依分類的鳥類學家而定（如同上方列出的三項資料），我們沒辦法明確斷言總共有多少種類。

簡單來說，貓頭鷹屬於鳥類（鳥類是一種通稱，但在生物學分類上指的是「鳥綱」）的鴞形目，然後再被分為兩個科：草鴞科和鴟鴞科。如上圖，草鴞科在早期階段就與其他類型的貓頭鷹區隔開了，如果你夠敏銳，早就發現牠的長相與其他貓頭鷹大不相同！接下來，鴟鴞科又進一步分為二十五個屬或二十七個屬，最後再往下分出大概二百五十個種類。以「長尾林鴞」來說，牠是鴞形目鴟鴞科林鴞屬

50

第 2 章　長相、行為各不相同！世界各地的貓頭鷹夥伴們

瞬間秒懂！貓頭鷹的大致分類

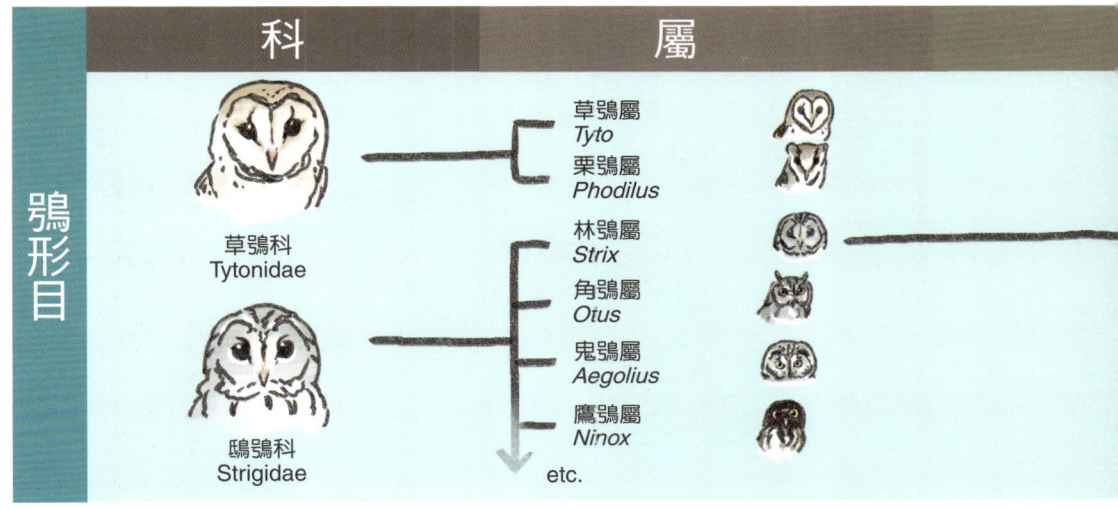

科	屬

鴞形目

草鴞科 Tytonidae
- 草鴞屬 Tyto
- 栗鴞屬 Phodilus

鴟鴞科 Strigidae
- 林鴞屬 Strix
- 角鴞屬 Otus
- 鬼鴞屬 Aegolius
- 鷹鴞屬 Ninox

etc.

東美鳴角鴞

即使是相同種類，毛色差異也可能非常大，有時不知道是不同亞種，還是單純顏色不同呢…

長尾林鴞日本亞種　好黑!!
長尾林鴞九州亞種　好白!!

長尾林鴞種的不同「亞種」有外觀差異。

中，名為「長尾林鴞」的種類。但有趣的是，因為鴞形、鴟鴞、林鴞、長尾林鴞的日文都是「貓頭鷹（フクロウ）」，所以如果直譯的話，就會變成「貓頭鷹目、貓頭鷹科、貓頭鷹屬、貓頭鷹種」，這……有人看得懂嗎。

話說到這裡還沒結束，即使是同一個物種，根據棲息環境的不同，鳴聲和羽衣顏色等特徵也會略有不同，但也不至於將牠們分成完全不同的物種，因此在這些「種」的底下還可以再分出「亞種」。在這一章裡，我會綜合各種資訊，包含牠們棲息的地區、屬於每個種類的特徵、亞種或分類的方式等，來介紹世界各地、仍有許多謎題未解的貓頭鷹們，敬請期待。

51

愛心形狀的可愛小臉蛋
西方倉鴞

草鴞屬　西方倉鴞

學　名　*Tyto alba*
英文名　Western Barn Owl（Common Barn Owl）

全　長　約30～45cm
體　重　約250～600g

第 2 章 長相、行為各不相同！世界各地的貓頭鷹夥伴們

哈囉—

西方倉鴞英文名稱中的「Common」一詞，是普遍的意思，牠們也常被簡稱為「Barn Owl」。在世界各地都有亞種，因為獨特的外觀而擁有眾多粉絲，但也有人覺得牠長得有點可怕。

西方倉鴞廣泛分布於歐洲及非洲。擁有專為夜間狩獵而演化出的獨特外表，心形的白色臉龐上有醒目的圓形眼瞳，還有帶有裂縫的鳥喙和長長的腳。

西方倉鴞的英文名Barn Owl，直接翻譯的意思是「穀倉的貓頭鷹」，牠們會為了尋找齧齒動物而在農家穀倉或教堂裡定居，從很久以前就與人類有密切的關係。西方倉鴞會捕食鼠類，因此當人類使用驅鼠劑撲殺鼠類時，也可能間接殺死西方倉鴞，導致牠們的數量降低。不過，隨著保育活動的推動，例如透過猛禽類來代替驅鼠劑、安裝人工巢箱等方法，讓牠們漸漸成為貓頭鷹中數量偏多的種類。

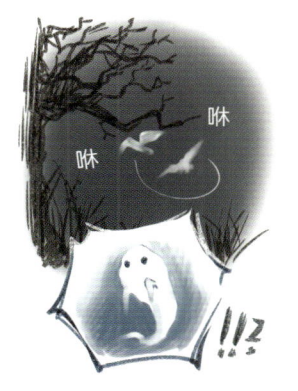

在漆黑夜空中無聲飛翔、聽起來像在尖叫般的鳥鳴聲，還有在廢墟裡站得直挺挺、緊盯某處的幼鳥，不禁讓人聯想到幽靈或外星人，或許有些鬼故事就是起源於西方倉鴞？！

美麗的橘黑斑紋,臉卻像被燻灰?
灰面草鴞

草鴞屬　灰面草鴞(伊斯帕尼奧拉草鴞)

學　名　*Tyto glaucops*　　全　長　約25〜35cm
英文名　Ashy-faced Owl　　體　重　約260〜540g

第 2 章　長相、行為各不相同！世界各地的貓頭鷹夥伴們

臉部略帶紅色
俗稱「黑倉鴞」

臉部是煙燻般的灰色
灰面草鴞

深色羽毛類型的西方倉鴞，通常被稱為「黑倉鴞」，外觀與灰面草鴞非常相似。

灰面草鴞是一特有種，牠們只棲息在加勒比海西印度群島中的伊斯帕尼奧拉島和托爾蒂島。牠的外觀很像西方倉鴞，卻有一張彷彿被煤煙燻灰的臉，臉部周圍有一圈橙色的羽毛，上半身的黃色羽毛配上黑色直條紋，乍看之下似乎是很引人注目的配色，卻又能巧妙融入森林的景觀中。

牠的叫聲是「勾囉勾囉勾囉……啾─」，在會發出尖叫聲的草鴞科中算是比較收斂的。灰面草鴞又稱為伊斯帕尼奧拉草鴞，是因其棲息地而得名，但英文通常是使用「Ashy-faced（灰面）」來稱呼。

最常見的稱呼
灰面草鴞

別名
灰臉草鴞

建議的新名稱
伊斯帕尼奧拉草鴞

日文名稱
イスパニオラメンフクロウ

當地名稱
Lechuza Cara Ceniza

英文名稱
Ashy-faced Owl

55

還有很多喔！草鴞屬的成員們

草鴞屬的成員們分布於世界各地，擁有獨特的外表和優越的能力，是一群有著無與倫比魅力的貓頭鷹。在日本，過去只有一次在西表島觀察到了草鴞（以前被認為與非洲草鴞是同一物種，因此也常被寫作非洲草鴞）。

雖然如面具般的白色心形臉蛋令人印象深刻，但事實上草鴞屬的成員們根據棲息地的不同，有著各式各樣的外觀喔。

草鴞屬　草鴞

學　名	*Tyto longimembris*	全　長	約30～40cm
英文名	Eastern Grass Owl	體　重	約250～580g

草鴞棲息於東南亞和澳洲，擁有短短的尾羽和長長的腳，飛行時可以清楚辨識牠們的長腳和體型。

第 2 章　長相、行為各不相同！世界各地的貓頭鷹夥伴們

草鴞屬　非洲草鴞

學　名	*Tyto capensis*	全　長	約35～40cm
英文名	African Grass Owl	體　重	約355～520g

非洲草鴞棲息於非洲大陸的草原或疏樹草原，頭部和翅膀是深色的，會在茂盛的隧道狀草叢深處養育幼鳥。

草鴞屬　烏草鴞

學　名	*Tyto tenebricosa*	全　長	約40cm
英文名	Greater Sooty Owl	體　重	約500～1150g

烏草鴞棲息於澳洲東部和新幾內亞島，烏黑的羽毛可能是為了適應容易發生大火的森林。

草鴞屬　馬島草鴞

學　名	*Tyto soumagnei*	全　長	約30cm
英文名	Madagascar Red Owl	體　重	約320～435g

馬島草鴞只棲息在馬達加斯加島東部，屬於瀕危物種，特徵是在黃色系羽毛上有小小的黑色斑點，令人聯想到成熟的香蕉呢。

讓人捉摸不透的謎之個性！
栗鴞

栗鴞屬　栗鴞

學　名　*Phodilus badius* ｜ 全　長　約22～30cm
英文名　Oriental Bay Owl ｜ 體　重　約220～300g

第 2 章　長相、行為各不相同！世界各地的貓頭鷹夥伴們

警戒中的鬼鴞

鼓起

搖搖

晃晃

不開心的
西方倉鴞

討厭 討厭

栗鴞有時會像警戒中的鬼鴞一樣鼓起角羽，也會像不開心時的西方倉鴞一樣搖來晃去，但是，沒有人知道為什麼牠要這麼做。

在日文中，栗鴞的名稱是「ニセメンフクロウ」，其中「ニセ」是「偽」的意思，「メンフクロウ」則是「西方倉鴞」，所以有「偽西方倉鴞」之意。可是，一旦對牠了解得越多，就越能明白栗鴞和西方倉鴞是截然不同的兩種貓頭鷹。牠們廣泛分布於印度、尼泊爾、泰國和印尼等亞洲地區，但是因為棲息數量少，在某些地區已經滅絕了。

栗鴞的翅膀偏短，可以快速飛過藤蔓覆蓋的茂密森林，還有強健有力的腿和爪子，可以垂直站立在細小的樹枝上。牠們時不時會搖晃身體，但至今還是不知道個中原因。直到現在，關於牠們的行為和生態仍然籠罩在迷霧之中，可說是非常神祕的貓頭鷹。

斜斜地閉上有著濃密睫毛的眼皮

2020年有個驚人的研究成為話題，據說栗鴞眼皮有個細小的縫隙，所以就算閉著眼睛也看得到喔。

59

強大威猛的森林王者！
猛鷹鴞

鷹鴞屬　猛鷹鴞

學　名　*Ninox strenua*　｜　全　長　約45～65cm
英文名　Powerful Owl　　｜　體　重　約1050～1700g

第 2 章　長相、行為各不相同！世界各地的貓頭鷹夥伴們

貓頭鷹通常是雌鳥的體型較重、較大，但猛鷹鴞卻是雄鳥的體型比較大。一身蓬鬆的白色羽毛，配上從幼鳥時期就一臉精悍的表情。

棲息在澳洲東南部的猛鷹鴞，是澳洲貓頭鷹中體型最大的特有種。牠的主要獵物是生活在樹上的袋貂等有袋動物，也會獵捕大型鳥類。牠們以修長巨大的身體捕食大型獵物的姿態，乍看之下就像兇猛的老鷹。

猛鷹鴞在以昆蟲為主食的鷹鴞屬同類中，明顯風格迥異，從牠的英文名字「Powerful Owl」（強大的貓頭鷹）便可以得知，命名者對牠們的能力有多麼震驚了。雖然猛鷹鴞是所向無敵的獵人，但由於需要潮濕且肥沃的森林和大片領域作為居住環境，所以也面臨滅絕的危機。

那孩子是我的

說到澳洲就想到無尾熊或色彩鮮艷的野鳥們，牠們可都是猛鷹鴞的獵物喔！

更多豬肉……不如更多蟲蟲！
紐西蘭鷹鴞

鷹鴞屬　紐西蘭鷹鴞

學　名　*Ninox novaeseelandiae*
英文名　Morepork

全　長　約25～30cm
體　重　約150～215g

第 2 章　長相、行為各不相同！世界各地的貓頭鷹夥伴們

澳洲鷹鴞

好像狸貓……看起來有點困擾的表情很可愛

哞波─克

作為寵物販售時，澳洲鷹鴞常被介紹成紐西蘭鷹鴞，這是因為牠們兩個之前被認為是同一個物種。

紐西蘭鷹鴞只棲息在紐西蘭，是紐西蘭現存唯一的原生種貓頭鷹。一般鷹鴞類的貓頭鷹給人外表修長的印象，但紐西蘭鷹鴞卻有著豐滿的上半身，眼睛又大又圓，眼部周圍長有黑色的羽毛，讓人聯想到狸貓，呆萌的樣子非常可愛。

紐西蘭鷹鴞主要的獵物是大型昆蟲，但不知為何英文名稱卻是「More pork（給我更多豬肉）」！有人說是因為牠獨特的叫聲聽起來像「哞阿波─克」。不過，在紐西蘭的原住民毛利人稱牠們為「露露」，也是由於叫聲的緣故，並且認為牠們是守護者。看來即使是同樣的叫聲，也會給人截然不同的印象呢。

哞阿波─克

呼嗚 呼嗚

咕 咕
喔 喔

露嗚 露嗚

關於紐西蘭鷹鴞的叫聲，有人聽到的是清楚的「哞阿波─克」，也有人聽到像褐鷹鴞的「呼嗚、呼嗚」或「咕喔、咕喔」，還真是每一隻都有自己的個性。

63

白色臉龐被畫了黑色括弧？
北方白臉角鴞

白臉角鴞屬　北方白臉角鴞

學　名　*Ptilopsis leucotis*
英文名　Northern White-faced Owl

全　長　約20〜25cm
體　重　約125〜270g

第 2 章　長相、行為各不相同！世界各地的貓頭鷹夥伴們

在日本作為寵物飼養的幾乎都是「南方白臉角鴞」，牠棲息於非洲大陸中部到南部地區，雖然和北方白臉角鴞的外觀很相似，但是南方白臉角鴞的羽毛顏色較深，兩者的叫聲也不同。

別搞錯！我是南方白臉角鴞

嘸嗚嗚嘸

波 噗囉～

嘸

北方白臉角鴞

棲息在非洲大陸撒哈拉沙漠以南的北方白臉角鴞，到了夜晚便會捕食各式各樣的生物，從飛蛾、蟋蟀等昆蟲，到爬蟲類或小型哺乳類都是牠們的獵物。

白天，牠們會躲起來休息，但當感受到威脅時，會將身體縮得細長，並豎起長長的角羽，看起來就像是樹枝一般。這種比其他貓頭鷹都明顯的極端變化，讓牠們在電視媒體上，以「會變瘦的貓頭鷹」稱號而一舉成名。但是，這種警戒行為會給貓頭鷹帶來很大的負擔，所以即使對這個習性感到好奇，也請不要刻意嚇唬貓頭鷹啊。

忽然縮起

忽然蓬起

北方白臉角鴞受到威脅時會使羽毛貼近身體，看起來像是變瘦了，但其實這樣的習性是貓頭鷹共通的特性，其他貓頭鷹也可以忽然變瘦，但如果是生氣時，反而會鼓起羽毛、忽然變胖來嚇唬敵人喔！

65

像子彈一樣飛快衝刺！
猛鴞

猛鴞屬　猛鴞

學　名　*Surnia ulula*　　全　長　約35～40cm
英文名　Northern Hawk-Owl　體　重　約215～450g

第 2 章　長相、行為各不相同！世界各地的貓頭鷹夥伴們

從有鳥巢的樹洞或是斷掉的樹幹裡，彈出太長而無法完全收納的尾羽。

彈出～

猛鴞的姿態像老鷹一樣苗條，有小小的頭、前端尖尖的翅膀和長長的尾羽。

牠們棲息於歐亞大陸和北美洲的針葉林中，主要的獵物是田鼠等齧齒類動物，也會捕食鳥類。

然而，與其他生活在北方的貓頭鷹不同的是：牠們的聽力不足以找到位於雪下深處的獵物。

猛鴞狩獵時的主要武器是視覺和飛行能力。從白天就立在樹頂上尋找獵物，透過在空中定點懸停或像子彈一般高速飛行，在樹林間自由穿梭、敏捷地追捕獵物。正如其外表給人的印象，牠們展現出與其他猛禽類相比毫不遜色的出色狩獵能力。

猛鴞的英文名稱直譯是「北方鷹鴞」。芬蘭攝影師賈尼・伊坎葛斯（Jani Yikangas）拍攝到猛鴞直線滑翔的姿態，又稱為「魚雷貓頭鷹」，成為當時全球的熱門話題。

衝啊——！

67

眼睛上方那撮是白眉毛嗎？
冠鴞

冠鴞屬　冠鴞

學　名　*Lophostrix cristata*　　全　長　約36～43cm
英文名　Crested Owl　　　　　　 體　重　約420～620g

第 2 章　長相、行為各不相同！世界各地的貓頭鷹夥伴們

冠鴉角羽豎立的程度不同，給人的印象也完全不同，算是一羽二用吧？一下子是老爺爺風，一下子是英雄風呢。

好愛睏…

翹起

目光銳利！

談到冠鴉，就不能不提牠那引人注目、又白又粗的宏偉角羽。牠們的英文名稱「Crested Owl」直接翻譯是「有冠羽的貓頭鷹」的意思。頭上的白色角羽看起來和長在眼睛上方的羽毛「眉斑」相連在一起，就像動漫中常出現的老爺爺眉毛一樣，給人有點慈祥的感覺，不過，當角羽豎起時，看起來又像戰隊英雄一樣威嚴。角羽放鬆與豎起時，給人的印象完全不同呢。

牠們棲息在墨西哥南部至巴拿馬地區，以及巴西、玻利維亞的雨林中，喜歡待在有水源的地方。主要的獵物是大型昆蟲。在繁殖季節，冠鴉會整夜相互鳴唱，發出像捲舌音一樣「咕嚕嚕嚕嚕嚕嗚……」的叫聲哦。

全身雪白、毛茸茸的冠鴉幼鳥，就像是童話世界裡的妖精一般，此時角羽還不明顯，會隨著牠們的成長變得更長、更濃密。

在天上飛的卡通玩偶？
棕櫚鬼鴞

鬼鴞屬　棕櫚鬼鴞

| 學　名 | *Aegolius acadicus* | 全　長 | 約17〜20cm |
| 英文名 | Northern Saw-whet Owl | 體　重 | 約55〜125g |

原來的樣子就已經夠像卡通人物了。

圓滾滾!!

三頭身比例的體型和杏仁大眼。看起來就像卡通人物從螢幕裡飛出來一樣，可愛極了。

棕櫚鬼鴞雖然棲息於北美的針葉林中，但有時會在秋季遷移到落葉林，天氣變冷時再繼續往南遷移，是一種會頻繁移居的貓頭鷹。棕櫚鬼鴞耳孔的位置左右不同，讓牠們的聽力範圍更全面，也更容易捕捉齧齒動物。

牠們的英文名稱「Saw-whet Owl（磨鋸子的貓頭鷹）」據說源自一個很有趣的故事：很久以前，有一個伐木工在磨鋸子時，聽到了一串聲音，這個聲音竟然是一隻長得像有翅膀的泰迪熊所發出的叫聲！不過實際上，棕櫚鬼鴞的英文名稱由來，被認為是從法語單字「chouette」轉變而成，意思是「小小的貓頭鷹」。

啾嚕嚕嚕嚕

棕櫚鬼鴞有時會發出尖銳的叫聲，但如果你問我這聽起來像不像磨鋸子的聲音，嗯……

啾— 啾— 啾— 啾—

待在陸地時間最長的貓頭鷹
穴鴞

小鴞屬　穴鴞

學　名	*Athene cunicularia*	全　長	約20～25cm
英文名	Burrowing Owl	體　重	約120～250g

第2章　長相、行為各不相同！世界各地的貓頭鷹夥伴們

有很多孩子的穴鴞。幼鳥們在鳥巢周圍玩耍，滑稽的動作非常可愛。

穴鴞擁有細長的腿，可以在地面上快速奔跑，扁平的臉部有明顯的白色眉斑。

穴鴞廣泛分布於北美洲西部到南美洲最南端的大火地島，主要棲息於疏樹草原或沙漠、農田與鄉村地區等開闊的場所。

牠們會使用其他動物在地上挖的洞作為巢穴，不太會自己挖洞築巢。育幼期間，雌鳥與雄鳥之間會互相合作、警惕周圍，一旦有掠食者靠近，幼鳥便會立刻跳入洞穴，發出「夾～夾～」的叫聲，這種叫聲與帶有劇毒的響尾蛇聲音相似，所以被認為是透過模仿毒蛇（擬態）的聲音來保護自己。

穴鴞大概是所有貓頭鷹中待在地面時間最長的了，不過牠們也擅長在空中飛翔，瞄準昆蟲或是小型哺乳類，然後再滑翔撲向獵物！

女神的專屬坐騎
橫斑腹小鴞

小鴞屬　橫斑腹小鴞

學　名　*Athene brama*
英文名　Spotted Owlet（Spotted Little Owl）

全　長　約20cm
體　重　約110～120g

第 2 章　長相、行為各不相同！世界各地的貓頭鷹夥伴們

相較於超人氣的穴鴞和縱紋腹小鴞，知道橫斑腹小鴞的人並不多，但牠可是有著屬於自己的獨特魅力喔。

上下激烈伸縮模式
嘰嗶
嘰嗶
微笑～
圓滾滾模式

穴鴞　　縱紋腹小鴞

橫斑腹小鴞分布於從伊朗南部到孟加拉的南亞地區，是一種小型貓頭鷹。平常可以在半沙漠地帶或稀疏的森林找到牠們，除此之外，耕地和人類居住的區域附近也能看到牠們的蹤影。

橫斑腹小鴞會在白天時充分休息，等到黎明或黃昏時分才開始出來活動、捕捉最愛的昆蟲，這個時候的橫斑腹小鴞非常活躍，動作敏捷到足以一邊飛行一邊捕捉白蟻或蝙蝠。

雖然關於橫斑腹小鴞的生活習性還有很多未解之謎，但牠的學名來自於印度教的創世之神「梵天」（Brahma），也曾出現於神話等故事中，是一種為人們所熟悉的貓頭鷹。

印度教的眾神多乘坐在鳥類動物上，代表幸福與豐收的女神「拉克希米」便是乘坐在貓頭鷹上！

印度教創世之神　梵天
印度教吉祥天女　拉克希米

驕傲

75

從古至今都是人氣王！
縱紋腹小鴞

小鴞屬　縱紋腹小鴞

| 學　名 | *Athene noctua* | 全　長 | 約20～25cm |
| 英文名 | Little Owl | 體　重 | 約110～250g |

第 2 章　長相、行為各不相同！世界各地的貓頭鷹夥伴們

有像嗎？

公元前五世紀末，在古希臘雅典城流通的四德拉克馬銀幣，上面描繪的小貓頭鷹，被認為是縱紋腹小鴞。

現行希臘1歐元硬幣的圖案，就是基於上述設計的喔。

縱紋腹小鴞因為具有可愛的表情而廣受歡迎，牠與穴鴞雖然外觀相似，但腹部羽毛的斑紋以及腿部覆蓋著羽毛這兩點，都和穴鴞有所不同。縱紋腹小鴞的棲息地廣泛，在西歐、中國和北非都有蹤跡，牠們在一八八〇年代被人為引入英國，並於一九〇六年引入紐西蘭，從此定居於當地。

儘管白天也可以看到縱紋腹小鴞，但黃昏時刻才是牠們最活躍的時機。牠們飛行時會有如波浪一般上下起伏，也能在地面上快速移動，除了捕捉作為主食的昆蟲以外，也會捕食哺乳類和鳥類。縱紋腹小鴞被認為是古希臘智慧女神「雅典娜（ATHENA）」的使者，也是其學名的由來。

縱紋腹小鴞是南丁格爾和畢卡索曾經飼養的寵物，因此而聞名。南丁格爾的愛鳥在離世後被製成標本，至今仍在倫敦的南丁格爾博物館展出。

77

迷人的圓滾滾雙眼與大領巾
領角鴞

角鴞屬　領角鴞

學　名	*Otus lettia*	全　長	約23～25cm
英文名	Collared Scops Owl	體　重	約100～170g

第 2 章　長相、行為各不相同！世界各地的貓頭鷹夥伴們

異世領角鴞　嗚—噗
印度領角鴞　咕哇！
北領角鴞　呼—
領角鴞　咕—喔

至今仍不容易區分的領角鴞們。真不愧是曾經被認為同一物種的貓頭鷹，看起來超像的啊！

領角鴞淺色羽毛上圓溜溜的大眼睛格外引人注目，脖子底部領巾狀的羽毛就像一個大蝴蝶結。

牠們棲息於中國、中南半島和臺灣等地，外觀與日本的「北領角鴞」以及生活在印度的「印度領角鴞」非常相似，所以以前全都統稱為「Collared Scops Owl（領角鴞）」。今日，被當成寵物在日本市面上流通的領角鴞，有時也會被混淆為印度領角鴞，因為兩者在當地都被稱為「領角貓頭鷹」或「有領角鴞」。區分牠們最簡單的方法是透過叫聲，領角鴞會用輕柔的聲音重複發出「咕—喔」的叫聲。

想怎麼叫就怎麼叫隨便你們啦！

領角鴞的日文別名多到可以說是貓頭鷹中宇宙第一複雜的！

正式名稱　領角鴞
新名稱　茶目領角鴞
別名　項圈領角鴞
通稱　領角貓頭鷹

不是領角鴞嗎？
唉？印度領角鴞？
不是嗎……？

藏在樹皮中的躲貓貓高手
歐亞角鴞

角鴞屬　歐亞角鴞

學　名　*Otus scops*
英文名　Eurasian Scops Owl（Common Scops Owl）

全　長　約16～20cm
體　重　約60～135g

第 2 章　長相、行為各不相同！世界各地的貓頭鷹夥伴們

生活在葡萄牙的歐亞角鴞，羽色是摻有棕色的灰色；在賽普勒斯地區的呈現深灰色；在阿富汗的則是銀灰色。就算羽毛外觀同樣是灰色，也會因棲息地和個體差異而有些許不同。

歐亞角鴞棲息於歐洲和亞洲中部，也有會到非洲疏樹草原過冬的個體，牠們和日本的東方角鴞外觀很相似，不過看起來感覺比較瘦一些。

歐亞角鴞的羽毛看起來就像複雜細碎的圖案，也像極了樹皮粗糙的紋理，一旦牠們屏息躲進樹林裡，便會立刻與樹木融為一體，這時就很難找到牠們了。

歐亞角鴞會以澄澈的聲音非常規律地發出「噗、噗」的鳴唱，叫聲低調到能融入夜晚的蟲鳴之中。此外，牠們的體重只有大約六十到一百三十五克，由於非常輕且體型很小，有時也會成為西方倉鴞或灰林鴞等其他貓頭鷹的獵食目標。

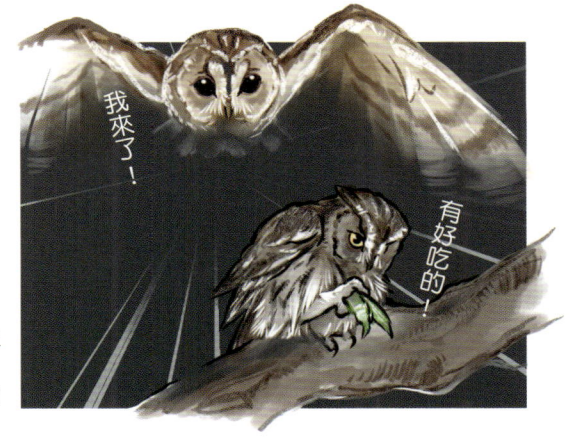

歐亞角鴞的主食是昆蟲。不過，夜行性的牠們就算能逃過白天猛禽類的攻擊，一不小心還是有可能成為其他貓頭鷹的糧食……

81

到哪都能生存的超強適應力！
西美鳴角鴞

鳴角鴞屬　西美鳴角鴞

| 學　名 | *Megascops kennicottii* | 全　長 | 約21～24cm |
| 英文名 | Western Screech Owl | 體　重 | 約85～250g |

第 2 章 長相、行為各不相同！世界各地的貓頭鷹夥伴們

嘻—
嗚嘻嘻嚕嚕

嚕嚕嚕嚕

東部　　西部

鳴角鴞

北美洲東部棲息著以前被認為是同一物種的東美鳴角鴞，牠們的棲息地有一部分互相重疊，兩者的差別在於叫聲和鳥喙的顏色。

西美鳴角鴞廣泛分布於北美洲西部，包含從加拿大到墨西哥中部地區。生活在北方的鳴角鴞擁有濃密且不易散失熱能的羽毛；而生活在南部半乾旱地區的鳴角鴞，羽毛的密度則沒有北方的高。研究報告也顯示，西美鳴角鴞能適應的氣溫範圍相當廣，對環境的適應能力很強，可以在松林或沙漠仙人掌叢、人類居住區域的園林或公園生存，不受森林類型的限制。

西美鳴角鴞英文名稱中的「Screech」有「尖叫聲」的意思。受到威脅時，牠們有時會發出類似尖叫的聲音，但平常的叫聲比較溫和，牠們會用像在顫抖的聲音發出「呼、呼、呼嚕嚕嚕嚕……」的鳴唱聲。

聳起!!
啊啊—啊
← 威嚇中!!

平常看起來角羽偏短，但一旦豎立起來，會變成跟貓耳朵一模一樣的三角形。

83

還有很多喔！角鴞屬＆鳴角鴞屬的成員們

角鴞屬的成員們，有著和樹葉很相似的羽毛斑紋和小小的身體。貓頭鷹之中的角鴞屬，下面約有五十五到六十個種類，是種類數目最多的！牠們和約有二十五到三十個種類的鳴角鴞屬，在以前都被歸為角鴞屬。

由於角鴞屬和鳴角鴞屬的外觀非常相似，單從外表很難區別，不過我們可以從聲音特徵來辨別。角鴞屬的鳴叫方式是重複發出短促的聲音，與此相對，鳴角鴞屬則是以像在顫抖般發出長長的顫音。

鳴角鴞屬　熱帶鳴角鴞

學　名	*Megascops choliba*	全　長	約20〜25cm
英文名	Tropical Screech Owl	體　重	約100〜160g

廣泛分布於南美洲。在光線充足又寬闊的地方比較方便牠們捕食獵物，結果牠們經常為了捕捉路上的昆蟲而發生意外事故……

第 2 章　長相、行為各不相同！世界各地的貓頭鷹夥伴們

角鴞屬　縱紋角鴞

| 學　名 | *Otus brucei* | 全　長 | 約18～22cm |
| 英文名 | Pallid Scops Owl | 體　重 | 約90～130g |

棲息於土耳其東南部和埃及東北部等地。角羽偏短，羽毛呈淡灰色，就像身上撒了一層細沙。除了昆蟲以外，也會捕食鳥類和爬蟲類。

角鴞屬　巽他領角鴞

| 學　名 | *Otus lempiji* | 全　長 | 約20cm |
| 英文名 | Sunda Scops Owl | 體　重 | 約90～140g |

外表與北領角鴞非常相似，在野外很難辨認牠們。棲息於馬來半島和峇里島等地區，在人類村落附近也能看到牠們捕獵昆蟲或鳥類的蹤影。

角鴞屬　印度領角鴞

| 學　名 | *Otus bakkamoena* | 全　長 | 約20cm |
| 英文名 | Indian Scops Owl | 體　重 | 約125～150g |

棲息於印度和巴基斯坦。巨大的角羽和深棕色的虹膜非常可愛。外表與領角鴞很相似，特點是牠們會發出「呼哇」、「咕哇」，像狗或青蛙般的獨特叫聲。

85

輕盈可愛的小巧精靈
姬鴞

姬鴞屬　姬鴞

學　名	*Micrathene whitneyi*	全　長	約12.5～14.5cm
英文名	Elf Owl	體　重	約35～48g

第 2 章　長相、行為各不相同！世界各地的貓頭鷹夥伴們

咕咿 咕咿 咕咿 咕咿

啾～

←羽毛的位置偏高

雖然姬鴞的鳥喙很短，但與身體的尺寸相比，腿和翅膀的比例都很細長。收起的翅膀內側有十分顯眼的白色羽毛，體型大小則和麻雀差不多！

姬鴞是體型特別小的貓頭鷹之一，也是體重最輕的貓頭鷹，牠們的重量只有大約四十克，而且雄鳥比雌鳥體型更小，幾乎只和麻雀一樣大。

牠們棲息於美國西南部到墨西哥中部地區，其巢穴通常是啄木鳥鑿出的孔洞，或者是住在西方電影中常見的高大仙人掌——巨人柱仙人掌上。

英文名稱為「Elf Owl」，直接翻譯是「精靈貓頭鷹」的意思。姬鴞很受歡迎，許多粉絲會為了觀察牠們蜂擁而至。但別忘了，不管牠們體型再怎麼小，還是猛禽類，除了捕食蟋蟀、蚱蜢等昆蟲，也會捕食大蜈蚣、毒蠍或老鼠等，是很優秀的獵人喔！

一般人對姬鴞的印象都是躲在仙人掌當中，但其實牠們也會棲息於樹洞中。繁殖期以外的時間，也會在空曠的地區休息。

頭頂好像被熨斗燙平了？
花頭鵂鶹

鵂鶹屬　花頭鵂鶹

學　名　*Glaucidium passerinum*　全　長　約15～19cm
英文名　Eurasian Pygmy Owl　體　重　約47～100g

第 2 章　長相、行為各不相同！世界各地的貓頭鷹夥伴們

扁平的頭部

大大的鳥喙

眼狀紋

花頭鵂鶹的後腦勺也有一對大眼睛！當牠們把頭轉來轉去時，還真不知道在看哪裡呢。

花頭鵂鶹分布的區域非常廣闊，從歐洲北部、中部沿伸到中亞地區。雖然是體型小到能夠停在人類手指上的貓頭鷹，卻能獵捕小型哺乳動物，甚至是比自己身體還要大的鳥類，不過，有點搞笑的是，有時候會因為獵物太重而沒辦法自行搬運。

牠們的後腦勺上有一對看起來像眼睛一般，被白色羽毛包圍的黑色斑紋，非常顯眼，稱作「眼狀紋」。花頭鵂鶹的眼睛很小、鳥喙很大，在白天也會外出活動，更能大膽的攻擊敵人，拍動翅膀時會發出相當大的聲音，雖然這些特徵不同於我們一般對貓頭鷹的印象，但牠們同樣是令人畏懼的獵人。

如果是太大的獵物，就會當場撕成小塊來吃。

還有很多喔！鵂鶹屬的成員們

鵂鶹屬的貓頭鷹們有著麻雀般的小小身軀，會發出像口哨般可愛的鳴唱聲，是從白天就開始外出活動的鳥類。

乍看之下可能不太像貓頭鷹的同類，不過一旦牠們出現便會引起其他鳥類的恐慌，是不容小覷的小鋼炮型獵人。

牠們廣泛分布於世界各地，包括俄羅斯庫頁島、臺灣等地區都可以見到牠們的蹤跡（可惜的是日本沒有），而且，不管是出現在哪裡的鵂鶹屬貓頭鷹，外表看起來都非常相似呢。

鵂鶹屬　赤褐鵂鶹

| 學　名 | *Glaucidium brasilianum* | 全　長 | 約15～20cm |
| 英文名 | Ferruginous Pygmy Owl | 體　重 | 約45～105g |

棲息於南美洲的低地森林。牠們立起尾巴、上下抖動的樣子很可愛，但面對比自己大的獵物時，可是會毫不留情地出手攻擊喔。

第 2 章　長相、行為各不相同！世界各地的貓頭鷹夥伴們

鵂鶹屬　鵂鶹

學　名	*Glaucidium brodiei* （*Taenioptynx brodiei*）	全　長	約15～17cm
英文名	Collared Owlet （Collared Pygmy Owl）	體　重	約52～65g

亞洲最小的貓頭鷹。後腦勺上清晰可見一對大眼球圖案的「眼狀紋」。臺灣能見到的鵂鶹屬貓頭鷹，即是鵂鶹的臺灣特有亞種。

鵂鶹屬　紅胸鵂鶹

學　名	*Glaucidium tephronotum*	全　長	約18cm
英文名	Red-chested Owlet （Red-chested Pygmy Owl）	體　重	約80～105g

棲息於非洲大陸剛果共和國和肯亞的雨林。羽毛的配色和紅隼很相似，使牠們在鵂鶹屬貓頭鷹中特別與眾不同。

鵂鶹屬　斑頭鵂鶹

學　名	*Glaucidium cuculoides* （*Taenioglaux cuculoides*）	全　長	約20～25cm
英文名	Asian Barred Owlet	體　重	約150～240g

棲息在喜馬拉雅山到東南亞地區的開闊森林，或是公園等人類居住的區域附近。雖然在鵂鶹屬中算是體型比較大的，但和鵂鶹屬以外的貓頭鷹相比，體型還是非常小。

住在樹上的兔子？
條紋耳鴞

耳鴞屬　條紋耳鴞

學　名　*Asio clamator*（*Pseudoscops clamator*）
英文名　Striped Owl

全　長　約30～38cm
體　重　約330～550g

第 2 章　長相、行為各不相同！世界各地的貓頭鷹夥伴們

牙買加鴞

條紋耳鴞曾經被分類到各個不同的屬裡，有人說牠不是耳鴞屬，是牙買加鴞屬，也有人說不對，應該是條紋耳鴞屬的貓頭鷹。

超容易辨識的外觀

條紋耳鴞分布的範圍很廣，從墨西哥南部到哥倫比亞和巴西都有。牠們最引人注目的是那長長的角羽，看起來就像隻兔子，因此，還有個別稱是「木兔」，字面解讀就是「在樹上的兔子」。比較特別的是，日文中也有近似的漢字「木菟」，指的是「角鴞」，有角羽的貓頭鷹通常稱為「○○木菟」，但條紋耳鴞反而是個例外，日文名為「直紋貓頭鷹」，又稱「兔子貓頭鷹」。原因眾說紛紜，其中一個說法是因為牠們被暱稱為「兔子」，如果加上「木菟」，不就變成「兔子木菟」了嗎？所以才改為「貓頭鷹」。條紋耳鴞會在一般草原或疏樹草原上，捕食齧齒動物和其他鳥類等。

粗壯!!

順帶一提，有人認為木兔的意思不是「有著像兔子一樣的耳朵」，而是「有著像兔子一樣的腳」，一臉可愛的條紋耳鴞也有著強壯的腳喔！

快逃！

93

臉長得像剖開的樹幹！
烏林鴞

林鴞屬　烏林鴞

學　名　*Strix nebulosa*　　全　長　約60～70cm
英文名　Great Grey Owl　　體　重　約700～1900g

第 2 章　長相、行為各不相同！世界各地的貓頭鷹夥伴們

像樹樁一樣的大頭、黃色的虹膜和鳥喙，以及顯眼的同心圓圖案花紋，還有這張令人難忘的臉。

烏林鴞有一張令人印象深刻的臉孔，看過一次便會永生難忘。當牠們展開翅膀時，翼展長可以達到一百六十公分，牠們的頭圍則有五十公分，可列入世界最大級的貓頭鷹之一，但其實這是因為牠們全身由豐厚的羽衣所包覆的關係，實際上骨骼和身體並沒有看起來那麼龐大，體重和力量也比不上其他大型貓頭鷹。

烏林鴞黃色的眼睛看起來似乎特別小，那是因為負責收集聲音的「面盤」非常發達，因此牠們的聽力相當出色。烏林鴞棲息於歐亞大陸和北美的針葉林中，主要獵物是田鼠，牠們甚至可以聽到隱藏在深雪下的獵物聲音，是聽覺超級敏銳的貓頭鷹。

被羽毛和空氣包圍的蓬蓬大頭，非常保暖。

羽毛細緻地延伸到指甲邊緣，看起來蓬鬆蓬鬆的。

95

少女臉蛋配上豬叫聲？
查科林鴞

林鴞屬　查科林鴞

學　名　*Strix chacoensis*　　全　長　約35～40cm
英文名　Chaco Owl　　　　　體　重　約360～550g

第 2 章　長相、行為各不相同！世界各地的貓頭鷹夥伴們

棕斑林鴞

黃土色～棕色

叩叩叩　咕喔～咕喔～

（偏）紅色的腳

在某著名日本排球漫畫中登場的人物「赤葦」，名字就是取自「棕斑林鴞」的日文發音。因此棕斑林鴞的知名度急遽上升。然而，介紹圖卻幾乎都錯放成查科林鴞……

查科林鴞棲息於橫跨玻利維亞和阿根廷的大片乾燥半沙漠平原——大查科平原。牠們的杏仁大眼配上偏白的臉孔，頭上有明顯的同心圓圖案，上半身還有細密的條紋花紋，外觀十分醒目。

查科林鴞曾經歸類為生活在智利等地的棕斑林鴞的亞種，所以到現在還是會有人把牠介紹為棕斑林鴞。

查科林鴞會發出「叩叩叩叩，咕囉～咕囉～」低沉而顫抖、類似於豬的叫聲，從牠可愛的外表陸續湧現這樣強而有力的叫聲，不禁讓人感覺到牠威武的氣勢，也有些反差萌呢。

白色羽毛配上細密的黑色花紋，看起來好像香草芝麻雪糕，有點好吃的樣子。

羽毛蓬鬆的時候，條紋看起來更明顯。

像一枝芝麻雪糕？

97

出現在莎士比亞劇中的貓頭鷹
灰林鴞

林鴞屬　灰林鴞

學　名　*Strix aluco*　　全　長　約35～45cm
英文名　Tawny Owl　　　體　重　約400～600g

第 2 章　長相、行為各不相同！世界各地的貓頭鷹夥伴們

灰林鴞依據毛色，可以分為紅棕色型、灰色型和介於兩者間的棕色型，其中灰色型與日本的代表性貓頭鷹長尾林鴞極為相似，而牠們確實也屬於近緣種。

灰林鴞棲息於歐洲和非洲北部等地，與日本的長尾林鴞非常相似，但體型稍小，尾羽也比較短。與臉的大小相比，眼睛特別大，給人很可愛的印象。但在育幼時期的牠們具有很強的攻擊性，其兇猛程度甚至會讓所在的公園不得不暫時關閉。

灰林鴞的叫聲，曾經被認為是莎士比亞作品《愛的徒勞》劇中出現的貓頭鷹叫聲「twit-twoo（吐咿特、吐夫—）」的原型，但實際上牠們並不會這麼叫，推測應該是雌雄二重唱時的聲音分的鳴唱聲「hu-hoo（呼、呼～）」混合形成的。「kee-wick（喀威克）」和一部

可愛的臉蛋、叫聲與動作，使灰林鴞成為受歡迎的寵物，但野外環境下的牠們是不會輕易透露蹤跡的，不但叫聲吵雜，還具有攻擊性。

還有很多喔！林鴞屬的成員們

林鴞屬的貓頭鷹大約可以細分成十九到二十四個種，不過共通點都是有著不倒翁般的體型和大大的眼睛。除了前面介紹過的幾種，在這裡要再向各位介紹四種特別有趣的林鴞屬貓頭鷹。

好像戴著圍脖般的橫斑林鴞，如巧克力聖代的配色、看起來很美味（？）的褐林鴞，黑白相間條紋和黃色的嘴喙、相當引人注目的黑斑林鴞，還有特徵是長睫毛和面盤的雜斑林鴞，牠們各有特色、充滿魅力。

斑點林鴞

林鴞屬　橫斑林鴞

| 學　名 | *Strix varia* | 全　長 | 約50～55cm |
| 英文名 | Barred Owl | 體　重 | 約470～1050g |

北美常見的大型貓頭鷹，由於牠的勢力不斷擴大，逐漸威脅到生活在同一地區的小型貓頭鷹斑點林鴞。

100

第 2 章　長相、行為各不相同！世界各地的貓頭鷹夥伴們

林鴞屬　褐林鴞

學　名　*Strix leptogrammica*
英文名　Brown Wood Owl

全　長　約35～45cm
體　重　約500～1100g

棲息於印度和馬來西亞的熱帶叢林中。外表雖然很顯眼，但在叢林裡時會把身體縮得瘦瘦的，隱身成折斷的樹枝或樹樁的模樣。

林鴞屬　黑斑林鴞（黑帶鴞）

學　名　*Strix huhula*
英文名　Black-banded Owl

全　長　約30～35cm
體　重　約350～450g

棲息於哥倫比亞和巴西的熱帶雨林中，一般認為牠們主要捕食昆蟲，對於牠們的習性仍存在許多謎團。

林鴞屬　雜斑林鴞

學　名　*Strix virgata*
英文名　Mottled Owl

全　長　約30～35cm
體　重　約230～300g

牠們的棲息地與黑斑林鴞重疊，但也可以在乾燥的落葉林中找到牠們。另外，有人認為，應該把生活在墨西哥的雜斑林鴞另立為獨立的物種。

就像戴了眼鏡的貓頭鷹
眼鏡鴞

眼鏡鴞屬　眼鏡鴞

學　名　*Pulsatrix perspicillata*　｜　全　長　約40～55cm
英文名　Spectacled Owl　｜　體　重　約590～980g

第 2 章　長相、行為各不相同！世界各地的貓頭鷹夥伴們

明顯的雙色雪糕

一般貓頭鷹身上都具有能與景觀融為一體的複雜花紋，但眼鏡鴞的羽毛顏色卻很單純，只有深棕色和淡淡的黃褐色。

眼鏡鴞棲息於從墨西哥南部到阿根廷北部的地區，以及南美洲的熱帶和亞熱帶雨林中，是一種大型貓頭鷹。

深棕色的頭部和面盤上，有著非常顯眼、眼鏡形狀的白色斑紋，讓牠們看起來就像戴著眼鏡一般，但其實牠們的視力可是非常優秀的喔！包括小型到大型哺乳類動物和鳥類，都能眼明手快地發現並捕捉。牠們的叫聲獨特，會發出「勾喔、勾喔勾喔勾喔勾」如啄木鳥敲擊樹木的聲音，據說在巴西也被稱為「啄木貓頭鷹（Knocking Owl）」。除此之外，眼鏡鴞幼鳥的頭部和頸部長滿了白色羽毛，和成鳥給人的印象截然不同。

聽起來像「勾喔」……又像「呼嗡」……超難用文字表現的叫聲

叫聲有點像啄木鳥用嘴敲擊樹木的聲音，又有點不像……如果站在森林裡聽從樹上傳來的聲音，可能會誤認成啄木鳥。

修長的美腿和腳背！
古巴鳴角鴞

古巴鳴角鴞屬　古巴鳴角鴞

| 學　名 | *Margarobyas lawrencii* | 全　長 | 約20〜23cm |
| 英文名 | Bare-legged Owl | 體　重 | 約80g |

第 2 章　長相、行為各不相同！世界各地的貓頭鷹夥伴們

古巴鳴角鴞的眉斑看起來就像一對粗眉毛，還有著棕色的大眼睛，鳥喙上長有黑色的剛毛。一般貓頭鷹有12根尾羽，但牠們的尾羽只有10根。

古巴鳴角鴞是古巴的特有種貓頭鷹，因此英文名字曾是「Cuban Screech Owl（古巴的角鴞）」，是一種小型貓頭鷹。此外，牠們的長跗蹠（腳跟至腳趾根部的部分）上面沒有羽毛，所以非常醒目。後來根據DNA研究結果，發現牠不是角鴞屬的成員，也有人覺得從腿部的特徵來看，應該算是穴鴞的同類？所以到現在，古巴鳴角鴞仍然沒有完全確切的分類。

牠們能夠適應各式各樣的環境，包括棕櫚樹混合林和石灰岩地、人工林和農田，雖然在古巴是隨處可見的貓頭鷹，卻還有很多謎題待解呢。

細長—

即使牠們的腿看起來很長，但腳趾並沒有長到值得一提……為什麼日文名稱叫「長趾貓頭鷹」也是一個謎。

105

克服嚴峻環境的不死鳥！
斑鵰鴞

鵰鴞屬　斑鵰鴞

| 學　名 | *Bubo africanus* | 全　長 | 約40～45cm |
| 英文名 | Spotted Eagle-owl | 體　重 | 約490～850g |

第 2 章　長相、行為各不相同！世界各地的貓頭鷹夥伴們

其英文名稱直接翻譯的話是「有斑點的鵰鴞」，上半身布滿瑣碎的橫條紋和參差不齊的直條紋，看起來簡直是斑點大雜燴。

錯綜複雜！

斑鵰鴞棲息於非洲南半部和阿拉伯半島南部的開闊森林、疏樹草原和岩石地區。斑鵰鴞角羽和眉斑的生長方式，讓牠們的眼神看起來莫名的銳利險惡，但牠們在鵰鴞家族中屬於體型較小的，若和與牠們非常相似的大鵰鴞（見下一頁）相比，腳和爪子的尺寸都偏小。

斑鵰鴞的主要獵物是甲蟲和蚱蜢等昆蟲，以及小型哺乳類動物。儘管牠們的棲息地存在許多危險，例如，因為人類的迷信而遭受威脅，或是成為其他大型貓頭鷹的獵食目標，但牠們還是能適應各式各樣的環境，堅強地活下去。

也許是因為斑鵰鴞只獵捕小型動物，所以在鵰鴞屬當中，屬於腳和爪子都偏小的類型。話雖如此，如果不小心被牠抓到，可是會痛得哇哇大叫的喔。

大鵰鴞強而有力的爪子　　斑鵰鴞的爪子

107

簡直是長了翅膀的大老虎！
大鵰鴞

鴞屬　大鵰鴞

學　名　*Bubo virginianus*
英文名　Great Horned Owl

全　長　約45～65cm
體　重　約700～2500g

第 2 章　長相、行為各不相同！世界各地的貓頭鷹夥伴們

大鵰鴞有10～15個亞種，除了亞種之間的差異以外，牠們在體型和羽毛上也有很大的個體差異。

大鵰鴞廣泛棲息於北美和南美大陸，如同其英文名稱的意思「大角貓頭鷹」，牠們是一種角羽十分醒目、擁有強勁力量的貓頭鷹。經常捕食兔子和松鼠等哺乳類，甚至會攻擊人類的寵物和其他猛禽類的巢穴。因為身上的條紋斑紋、銳利眼神和強烈的掠食者形象，得到「Winged Tiger（有翅膀的老虎）」的別名。

除此之外，以強烈氣味聞名的臭鼬，牠們的頭號天敵就是大鵰鴞。有人說這是因為大鵰鴞的嗅覺很遲鈍，不過，可能也和大鵰鴞的狩獵方式有關，因為牠可以從獵物上方悄無聲息地攻擊，不給臭鼬噴射分泌物的機會，如此一來就能避免被臭到囉。

大鵰鴞會出現在人類的活動範圍，也可以利用人造物體來築巢。說到代表北美洲的貓頭鷹，非大鵰鴞莫屬。

109

粉色眼影、翹睫毛的時尚貓頭鷹
乳黃鵰鴞

鵰鴞屬　乳黃鵰鴞

學　名	*Bubo lacteus*	全　長	約60～65cm
英文名	Verreaux's Eagle-Owl（Milky Eagle Owl）	體　重	約1600～3100g

第 2 章　長相、行為各不相同！世界各地的貓頭鷹夥伴們

今年的幼鳥

嘿咿咿咿咿—給我飯吃!!

唉……

前年出生的幼鳥

幼鳥即使離巢，也可能會和父母一起生活兩年以上。長大後的牠們也會從父母那裡取得食物。話雖如此，也有人目擊到牠們幫忙照顧更小的弟妹。

乳黃鵰鴞棲息於非洲大陸撒哈拉沙漠以南的廣大地區，身體呈現淺灰色，有顯眼的粉紅色眼瞼。眼瞼上方的皮膚外露、沒有羽毛，邊緣則覆蓋著宛如睫毛一般的羽毛，外表看起來就像一隻化了妝的時尚貓頭鷹，但牠們可是所向無敵、身居鳥類食物鏈頂端的獵人。

牠們會捕食鷺科等大型鳥類和中型哺乳類，有時也會攻擊其他猛禽類，還有人因為目擊到牠們獵捕幼猴的模樣，而為牠們取了別名——「食猴鵰鴞」。

乳白色的…

變成粉紅色！

接近繁殖期時，乳黃鵰鴞的眼瞼顏色會變成鮮豔的粉紅色，再加上圓溜溜的瞳孔上點綴著濃密睫毛，看起來非常豔麗。

111

貓頭鷹界的人氣偶像！
印度鵰鴞

鵰鴞屬　印度鵰鴞

學　名	*Bubo bengalensis*	全　長	約50～55cm
英文名	Indian Eagle-Owl（Rock Eagle Owl）	體　重	約1100～2000g

第 2 章　長相、行為各不相同！世界各地的貓頭鷹夥伴們

住在岩石間的印度鵰鴞幼鳥
（岩洞的大小剛剛好～）

住在沙漠地區的沙漠鵰鴞
（又稱為法老鵰鴞）

不是只有森林才是鵰鴞夥伴們的活動範圍！

印度鵰鴞因為具有華麗的外表和強烈的存在感，是在日本人氣很高的貓頭鷹。牠們廣泛分布於印度、巴基斯坦和尼泊爾地區，也被稱為「南方鵰鴞」。

由於將牠們作為寵物飼養的人很多，所以印度鵰鴞也經常化身動漫、漫畫角色，或是商品的原型模特兒，甚至比其他會在本地出現的貓頭鷹都還出名！

牠們棲息於半沙漠地區或被低矮樹木覆蓋的岩石地區，主要的獵物是齧齒類、鳥類和爬蟲類。

會利用岩石的凹洞處等地點來育幼，身上黃棕色的羽毛雖然看似顯眼，卻能巧妙地與岩石和沙子的顏色融為一體，因此能藏身其中不被發現。

儘管印度鵰鴞是人氣王，但在原產地也面臨人類迫害與盜獵的危機，了解牠們實際的生態現狀是非常重要的。

113

還有很多喔！鵰鴞屬的成員們

鵰鴞屬的成員們位於食物鏈的頂端，是名副其實的猛禽類。其中也有一些成員是以魚類為主食的，例如毛腿魚鴞、黃魚鴞和橫斑魚鴞。雖然有某些分類方法認為魚鴞屬（Ketupa屬）、斑魚鴞屬（Scotopelia屬）兩者與鵰鴞屬（Bubo屬）是不同的類別，但現在根據DNA的研究結果，一同被歸類為鵰鴞屬的情況也越來越多了。

鵰鴞屬　灰鵰鴞（蠕紋鵰鴞）

學　名	*Bubo cinerascens*	全　長	約45cm
英文名	Greyish Eagle-Owl	體　重	約500～700g

灰鵰鴞棲息於非洲大陸赤道以北。有著灰色的羽毛、圓圓的深棕色眼睛和粉紅色眼眶，令人印象深刻。

114

第 2 章　長相、行為各不相同！世界各地的貓頭鷹夥伴們

魚鴞屬（鵰鴞屬）褐魚鴞

學　名	*Ketupa zeylonensis* （*Bubo zeylonensis*）	全　長	約50～58cm
英文名	Brown Fish Owl	體　重	約1100～1310g

牠們棲息於斯里蘭卡、印度等東南亞海濱附近的森林，以水生生物為主食。褐魚鴞的腿下半部沒有羽毛，所以身形看起來比毛腿魚鴞更修長。

魚鴞屬（鵰鴞屬）黃魚鴞

學　名	*Ketupa flavipes* （*Bubo flavipes*）	全　長	約48～58cm
英文名	Tawny Fish Owl	體　重	約2050～2600g

棲息於臺灣、寮國和越南等東南亞地區，蓬鬆的角羽是牠們的特徵。有時歸類在鵰鴞屬，也有人把牠們分類在魚鴞屬或黃魚鴞屬，實在很混亂呀。

斑魚鴞屬（鵰鴞屬）橫斑魚鴞

學　名	*Scotopelia peli* （*Bubo peli*）	全　長	約50～65cm
英文名	Pel's Fishing Owl	體　重	約2050～2330g

橫斑魚鴞廣泛分布於非洲大陸撒哈拉沙漠以南的地區。在沒有角羽的貓頭鷹中是體型最大的，力量也大到可以捕捉重達2公斤的魚！

還有更多令人心動的種類！世界上的貓頭鷹們

美洲角鴞屬　美洲角鴞
學　名　*Psiloscops flammeolus*
英文名　Flammulated Owl
全　長　約16～18cm
體　重　約45～65g

棲息於加拿大和墨西哥的小型貓頭鷹。

恐鴞屬　恐鴞
學　名　*Nesasio solomonensis*
　　　　（*Asio solomonensis*）
英文名　Fearful Owl
全　長　約38cm
體　重　不詳

索羅門群島的特有種，和長耳鴞外觀相似，但沒有角羽。

帛琉角鴞屬　帛琉角鴞
學　名　*Pyrroglaux podargina*
　　　　（*Otus podarginus*）
英文名　Palau Owl
全　長　約22cm
體　重　不詳

帛琉群島的特有種，也有人認為帛琉角鴞應該歸類於角鴞屬。

長鬚鵂鶹屬　長鬚鵂鶹
學　名　*Xenoglaux loweryi*
英文名　Long-whiskered Owlet
全　長　約13～14cm
體　重　約45～50g

祕魯的特有種，最大特色是小臉上有明顯突出的飾羽。

牙買加鴞屬（耳鴞屬）　牙買加鴞
學　名　*Pseudoscops grammicus*
　　　　（*Asio grammicus*）
英文名　Jamaican Owl
全　長　約27～34cm
體　重　不詳

牙買加的特有種，有紅棕色的羽衣和深棕色的虹膜。

*截至2023年的最新分類為耳鴞屬。

116

第 2 章　長相、行為各不相同！世界各地的貓頭鷹夥伴們

小小的頭

鬃鴞屬　鬃鴞

學　名　*Jubula lettii*　　全　長　約25～35cm
英文名　Maned Owl　　　體　重　約180g

棲息於非洲大陸，特徵是有與冠鴞類似的蓬鬆角羽，又白又長。

蓬蓬～

叢鷹鴞屬　叢鷹鴞

學　名　*Uroglaux dimorpha*　　全　長　約30～34cm
英文名　Papuan Hawk-Owl　　　體　重　不詳

新幾內亞島的特有種，頭比褐鷹鴞還小，尾巴很長。

大大的頭

林斑小鴞屬（小鴞屬）　林斑小鴞

學　名　*Heteroglaux blewitti*
　　　　（*Athene blewitti*）
英文名　Forest Owlet
全　長　約20～23cm
體　重　約240g

儘管有人發現牠們在印度重現蹤跡，但目前仍處於瀕臨滅絕的狀態。

＊截至2023年的最新分類為小鴞屬。

截至目前為止，我們雖然已經認識了很多種高人氣的貓頭鷹，但世界上還有更多有趣的貓頭鷹，因此在這兩頁的篇幅再向大家介紹幾種區域限定的貓頭鷹，像是人類對牠們的生態幾乎一無所知的鬃鴞、飾羽令人印象深刻的長鬚鵂鶹等。如果要全都介紹給各位，光是一本書的篇幅絕對遠遠不夠。

到上一篇為止，本書一共解說了十七到十九個屬的貓頭鷹，本篇則是為各位介紹剩下八個屬（或六個，依分類方式而有不同）的代表性貓頭鷹。

117

是吉祥物還是衰神？
貓頭鷹的多元印象

智者

守護神 — 夜晚的守護者

生意興隆 — 象徵財源 靈活轉動

愚者 — 也有這樣的意思：
芬蘭語 Pöllö＝貓頭鷹＝無知
印地語 उल्लू＝貓頭鷹＝笨蛋

凶鳥不吉 — 唧 啊啊 好可怕

貓頭鷹棲息於世界各地，是一種我們似乎不容易看見卻也不陌生的鳥類。無論好壞，牠都給人們留下了深刻的印象。

古埃及象形文字
（相當於英文字母的 M）

受歡迎的因紐特族手工藝品

雪鴞

瘟疫退散

紅色長耳貓頭鷹
（吉祥物）

貓頭鷹身兼各式各樣的角色。阿伊努人視毛腿魚鴞為神鳥，他們叫牠「寇湯‧寇羅‧咖姆伊」；短耳鴞在夏威夷是守護人們的幸福之鳥，稱為「普耶歐」；住在北極圈的因紐特人稱雪鴞為「烏克匹克」，除了是一種珍貴的食物來源以外，也是引領亡者的重要存在；西方倉鴞則出現在古埃及的象形文字聖書體當中，也象徵著死亡或夜晚。

用來驅退瘟疫的紙製紅色彩繪長耳貓頭鷹。在新型冠狀病毒流行期，日本盛行以阿瑪比埃（傳說中的人魚形妖怪）的象徵物件來驅退疫情。長得還真有點像貓頭鷹的幼鳥呢……！

第 2 章　長相、行為各不相同！世界各地的貓頭鷹夥伴們

在日本旅行時經常會看到貓頭鷹造型的紀念品，像是擺飾或掛飾等。將片假名寫成漢字時，則會用「不苦勞（不會受苦）」、「福來郎（福到來）」等字來表示，通常被人們視為一種吉祥物。但其實貓頭鷹的形象會隨著國家或地區、時代的不同而產生變化，可能是眾神的使者、守護神、智慧的象徵、幽靈鳥、預告不祥與死亡之鳥等，牠出現在各種神話和民間故事中，以詩歌或故事的方式被轉述、流傳，有的則是用繪畫等藝術形式表現。

在古希臘，貓頭鷹是掌管知識、學問與藝術之女神「雅典娜」的使者，而羅馬神話中的貓頭鷹也受其影響，成為智慧女神密涅瓦的使者，因此貓頭鷹順理成章地成為「智慧的象徵」。起初，作為捕抓害獸的益鳥，與眾神一起受到崇拜的貓頭鷹，歷經重視豐收與子孫繁衍的農業社會，再到國家相互競爭的時代，貓頭鷹的形象會隨著國家或地區、時代的不同而產生變化，牠們代表的意義也有所不同，本來作為使者的貓頭鷹成為了有益之鳥、勝利的預兆、知識的象徵。

即使在今天，日本人說到貓頭鷹便會想到「森林裡的智者」，大多數人對牠有聰明的印象。然而，除了這樣的「良好」形象之外，在深夜裡迴盪的獨特鳴叫聲，卻也給人一種不祥的感覺，各式各樣的印象，但不論好壞，都留下了深刻記憶呢。

其實在羅馬，貓頭鷹作為女神密涅瓦的使者，同時也被認為是預告死亡的不祥之鳥。而存在許多迷信的非洲，實際上也有許多貓頭鷹被當作與巫術有關的邪鳥，於是慘遭殺害。

江戶時代的日本，自中國傳入了貓頭鷹是「吃掉父母」的不孝鳥形象，然而，以角鴞為原型創造出的「紅色長耳貓頭鷹」，則被作為能抵禦流行病「天花」的避邪物而一時大為流行……由這些內容我們可以知道，在不同時代、歷史、文化之下，貓頭鷹對於人類來說，可能具有截然不同的意義。牠們在人們心中有各式

119

看似可愛的小動作，其實是在表達不滿！

我們看見可愛貓頭鷹時……

在興奮地跳舞？
搖搖 晃晃
搖搖 開心～
晃晃

一動也不動的怪表情
叮——
臉好搞笑～！
怎麼一直看著我

可以摸摸的乖巧模樣
太可愛了令人陶醉
好乖喔～

不斷眨眼睛
眨眨 眨眨
好可愛～

貓頭鷹是一種怎麼看也看不膩的有趣鳥類，可是，當牠們表現出讓人類覺得可愛，卻又有點異常的行動時，可能代表他們其實處於害怕或警戒的狀態喔！

120

貓頭鷹真正的心情是……

插圖範例是根據貓頭鷹採取某種行為時，最有可能是表現什麼狀態而做的推測，雖然不是百分之百準確，但各位可以參考看看。最容易被誤解的是西方倉鴞，當牠們開始搖晃身體時，其實是感到壓力的表現。

> 別‧看‧了！
> 唉—
> 真討厭
> 搖擺

嘴巴半開、緊盯著人，表示處於警戒的狀態，代表牠們感覺壓力很大。在被威嚇前，請趕緊安靜地離開現場吧。

> 幹嘛 你想做什麼
> 我……我盯著你喔
> 要是你做出什麼奇怪的事
> 我可是不會原諒你的喔

因為過於虛弱而受到救助的貓頭鷹是非常溫馴的，這時候人類可能會摸摸牠們的頭，試圖安撫牠們，但這世界上沒有一種生物，會在被一個不知是敵是友的巨大生物觸摸時感到安心。

> 我要乖一點……在這裡……不能惹人類生氣……
> 會不會被殺掉！

當牠們不斷眨眼時，很可能是感到害怕，所以不敢將目光移開，這種時候請你立刻離開現場吧。雖然可愛的貓頭鷹能療癒身心，但我們不能只想從牠們身上尋求慰藉，在與貓頭鷹互動之前，應該先好好了解牠們真正的需求。

> 好可怕— 我一點也不想看著你
> 如果把目光移開 不知道會發生什麼事
> 眨 眨 眨 眨

在貓頭鷹世界裡體型最小的是姬鴞，最大的是鵰鴞哦。

身高差 60 cm!!

好小!!

好大!!

約75cm　　約13cm

第 3 章
再怎麼可愛還是猛禽！貓頭鷹的身體解密

貓頭鷹依據狩獵環境不同，具備的能力也不同

發現獵物

定——格

埋伏等待

鎖定位置……

急速降落

飛撲

Get!

貓頭鷹的狩獵方式五花八門。例如長尾林鴞會在自己喜歡的樹上安靜地等待獵物出現，一旦發現獵物便開始鎖定正確位置，一口氣急速飛撲、瞬間捕獲！

第 3 章　再怎麼可愛還是猛禽！貓頭鷹的身體解密

西方倉鴞會靠近地面盤旋飛行，或在空中定點懸停來尋找獵物。

啪
啪
盯─
衝啊─

西美鳴角鴞則是一邊自由自在地飛行，一邊追逐獵物。

棲息於世界各地的貓頭鷹，長相與體型都各有特色。即使是相同種類的貓頭鷹，依據棲息地的不同，捕食的能力也會有所變化。例如，在寒冷地區的靜夜裡捕食齧齒類動物的貓頭鷹，和在有各種生物叫聲迴盪的熱帶地區捕食昆蟲的貓頭鷹，狩獵習慣一定是不同的。前者需要的是不能錯過任何細微聲音的敏銳聽覺，以及不干擾聽覺、能安靜飛翔的翅膀；後者需要的則是能迅速發現獵物的優秀視覺，以及具有高機動性的翅膀。

本章中，我們將以在某方面具有優越能力的貓頭鷹為例，介紹牠們出人意表的身體能力和感知能力。

125

拍動翅膀卻不會發出聲音？具有消音作用的神奇羽毛

堅固、摸起來滑滑的烏鴉羽毛

呈鋸齒狀的羽毛，前緣迎風時會綻開，但能馬上恢復原樣。

綻開

初級飛羽

凹凸凸凸

前端比較稀疏

表面毛茸茸的

柔軟的貓頭鷹羽毛

小翼羽也是稀疏的鋸齒狀

表面覆有天鵝絨般頂級觸感的絨毛

你看過貓頭鷹飛行的樣子嗎？在黑漆漆的夜晚，翼展足足超過一公尺的巨大生物，無聲無息地從頭頂掠過的景象，只要看過一遍絕對讓你永生難忘。

然而，類似大小的烏鴉搧動翅膀時，我們卻可以清楚地聽到強而有力、將風劃破的聲音。由於一般鳥類起飛時，會發出啪啪聲響，飛翔時則會發出咻咻的聲音，但貓頭鷹飛翔時，卻是安靜到令人驚訝，究竟身體巨大、羽毛蓬鬆的貓頭鷹是如何做到無聲飛行的呢？

首先，牠們的羽毛又寬又長，所以能減輕每一根羽毛所承受的負擔，不必拚命拍打翅膀也能輕鬆飛行，而且不只是翅膀，全身

126

第 3 章　再怎麼可愛還是猛禽！貓頭鷹的身體解密

為了使空氣產生小渦流而做出的突起物

日本新幹線500系列的導電弓，是受到貓頭鷹鋸齒狀羽毛消音作用的啟發而開發的，成功降低了噪音。

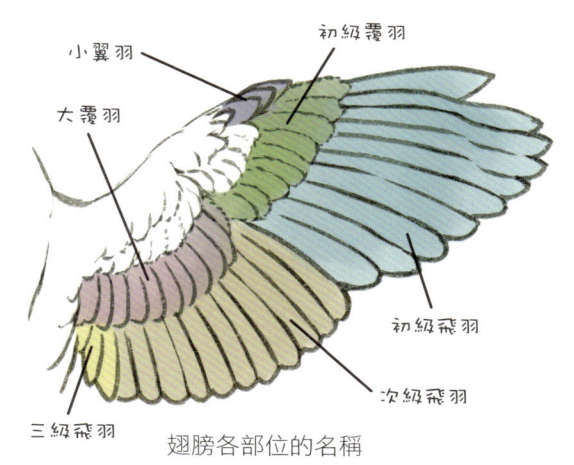

小翼羽
初級覆羽
大覆羽
初級飛羽
次級飛羽
三級飛羽

翅膀各部位的名稱

因為翅膀不會發出聲音，沒辦法擬音形容！

無聲飛行的西方倉鴞

啪沙

飛行時會發出聲音的毛腿魚鴞

鋸齒狀羽毛也有缺點，例如在剛開始飛行時需要一段時間才能穩定下來，所以有許多物種的鋸齒狀羽毛並不發達。有些貓頭鷹的翅膀拍打時是會發出聲音的，像是捕食魚類的毛腿魚鴞，以及會在白天活動的花頭鵂鶹，因為牠們在狩獵時比較不受振翅聲影響。

表面都覆蓋著可以吸收高頻聲音的蓬鬆羽絨。

再來，牠們最大的特徵是飛羽和小翼羽等羽毛的邊緣，是以不規則「鋸齒狀」排列的，所以表面看起來凹凸凸的。通常，當鳥類拍打翅膀時，周圍空氣的流動會受阻力改變，引起「亂流」而發出聲音，但貓頭鷹羽毛上鋸齒狀的凹凸，卻能反過來一點一點地改變空氣的流動，抵消拍動翅膀的聲音，可以說是靠製造小的氣流擾動來抑制大的氣流擾動。正因為貓頭鷹能做到無聲飛行，於是獵物發出的聲響不會被自己的振翅聲干擾，才能很有效率地狩獵。

127

瞬間化身樹木忍者！體型忽胖忽瘦的祕密

忍法！隱身術！

貓頭鷹的羽毛顏色，往往與棲息地的森林樹皮相似，當牠們用力把身體縮得瘦瘦的，接著閉上眼睛，就會完全消失在樹林背景之中。但還是要留意周遭狀況，所以會微微睜開一隻眼睛偷看。

在野外想找到貓頭鷹是很困難的，有一部分是因為牠們主要在夜間活動，但最大的原因是牠們非常善於融入景觀當中，牠們能消除自己的氣息、成為森林的一部分，儼然是隱身在森林之中的忍者。覆蓋在貓頭鷹身體的羽毛斑紋複雜而細緻，跟樹皮非常相似，因此能達到與背景融為一體的偽裝效果。即使有些貓頭鷹外表看似醒目，可是一旦回到自己平常棲息的環境中，就能自然融入風景裡。

牠們的羽毛顏色會根據棲息環境而有所不同，如果生活在冰雪覆蓋的北方，羽毛通常是淺灰色；生活在溫暖的南方，羽毛則偏向深棕色；；如果生活在被沙土

128

第 3 章　再怎麼可愛還是猛禽！貓頭鷹的身體解密

蓬鬆
蓬鬆

平時會在羽毛和羽毛之間儲存空氣來保溫，整體看起來蓬鬆豐滿。

從毛茸茸狀態瞬間變成細樹枝！牠們排除空氣的方法讓人聯想到用吸塵器吸壓縮袋的樣子。

瞬間縮緊

晃動　晃動

閃開　閃開

當然，牠們也不是只會躲藏，在遇到緊急情況時會睜開眼睛，將羽翼撐開呈扇形，讓身體看起來更巨大，搏命威嚇敵人，發出叫聲警告敵人不准靠近。

ha ha

天氣熱的時候，牠們會將翅膀自然放鬆下垂，不斷活動喉嚨。

覆蓋的沙漠地區，羽毛就接近土色。如同前面介紹過的，即使是同一物種，例如長尾林鴞和北領角鴞等，也會因為居住環境不同，而產生羽毛顏色上的差異。

不過，在森林中安靜休息的貓頭鷹，一旦發現敵人時，可就不能繼續安分待著了。牠們的羽毛平時包覆著空氣，看起來豐滿蓬鬆，但在緊急情況下，牠們會將羽毛貼近身體、轉動身體半圈，變成從原來的樣子根本無法想像的瘦巴巴狀態，如果又閉上眼睛，簡直就像一根樹枝。「無論如何都找不到我」，便是貓頭鷹最強的防禦絕招。

129

又長又健壯！用腳爪施展必殺技

貓頭鷹抓住獵物的瞬間。從獵物角度來看，眼前向四面八方張開的利爪，就像一張無法逃脫的鐵網！

不管怎麼說，貓頭鷹最強大的武器必定是牠那具有驚人力量的腳。據說牠們的腳握力能超過一百公斤重，如果是鵰鴞和大鵰鴞等力量特別強大的物種，甚至有相當於大型犬咬合力的握力（超過一百六十公斤重）。因此，除非獵物非常強壯，否則一旦被貓頭鷹抓住了，是不可能獲勝的。

小型貓頭鷹雖然沒有這麼大的力氣，但對照牠們的體型，仍然具有異常強大、不容小覷的握力。不過，貓頭鷹的腳明明看起來肥肥短短的，這樣驚人的力量究竟是從哪裡來的呢？

鳥類的關節看起來好像與人類膝蓋彎曲的方向相反，但這部分其實不是膝蓋，而是腳後跟，也

130

第3章　再怎麼可愛還是猛禽！貓頭鷹的身體解密

走路時會露出令人驚訝的長腿！是說，平常就能清楚看到腿部的穴鴞等，就有著修長而美麗的腿。

跑！跑！跑！

修長

脛骨
跗蹠
腳趾
腳跟

毛茸茸
一粒一粒的

不論是雪中狩獵或是受到獵物的反擊，猛鴞覆蓋在羽毛中的腳趾都能輕鬆應對！

讓魚無法掙脫的肉棘

橫斑魚鴞的跗蹠和腳趾，也許是為了方便捕魚，所以沒有羽毛覆蓋。

像鬚鬚一樣的剛毛

即使是體型最小的姬鴞，也有強壯的腳趾與銳利的爪子。

就是說，牠們平常都是踮著腳尖的狀態，每天都這樣走路當然也就練就了肌肉發達的腿啦！

貓頭鷹的腳跟到腳趾根部的區域稱為「跗蹠」，有些貓頭鷹的跗蹠有羽毛覆蓋，有些則無。

另外，當牠們為了伸展腿部或是狩獵時將腳往前伸出，隱藏在羽毛後面又粗又壯的長長脛骨就會顯露出來。還有，貓頭鷹的腳趾前端有長而鋒利的爪子，攻擊獵物時只要用力一捏，就能瞬間置之於死地。

131

貓頭鷹是怎麼站在樹上的？自由轉動的靈活腳趾

貓頭鷹停在樹枝上時，從前面看起來只有露出兩根腳趾。

市面上充滿了各式各樣的貓頭鷹相關商品，製作者對於貓頭鷹是不是真的了解，那就是腳趾！也就是鳥類特有的腳尖部分。

雞、烏鴉、麻雀等許多我們熟悉的鳥類，腳趾都是由「前面三趾」加上「後面一趾」所構成的，這種腳趾的型態被稱為「不等趾型」。一般說到鳥類的腳，我們往往會想到這種形狀，但實際上鳥類的趾型和腳趾的組成各不相同。

當貓頭鷹停在樹枝上時，通常是兩個腳趾朝前、兩個腳趾朝後，這種趾型能讓牠們牢牢地抓住樹枝，被稱為「對趾型」，啄木鳥和鸚鵡也屬於這一類。仔細

132

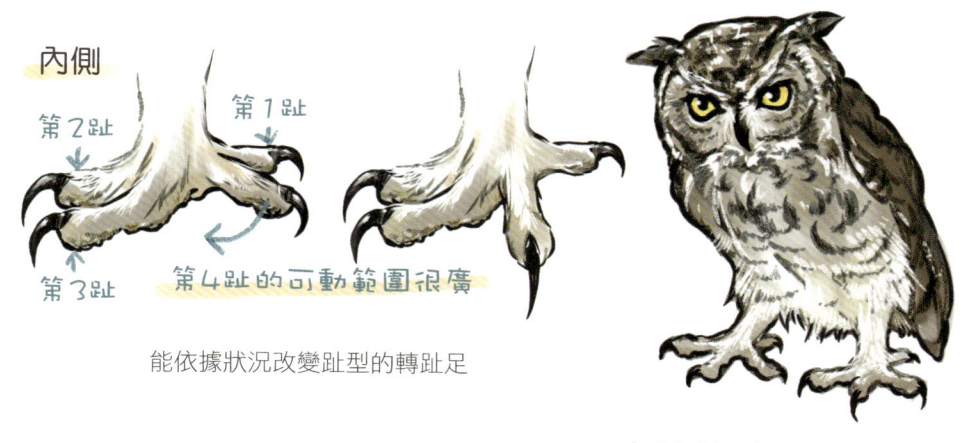

第 3 章　再怎麼可愛還是猛禽！貓頭鷹的身體解密

內側

第 2 趾　第 1 趾

第 3 趾　第 4 趾的可動範圍很廣

能依據狀況改變趾型的轉趾足

在平坦地面上站立時，會拉開腳趾間的間隔，形成前面三趾、後面一趾。

不等趾型　　對趾型　　蹼足

鳥類的各種趾型

一想，那麼製作成三趾朝前的貓頭鷹插畫和商品都是錯的呢⋯⋯當你這麼想時又錯了！咦？又錯了？是的。因為看待貓頭鷹，用普通的方法是行不通的。

貓頭鷹的腳趾還有一個特異功能！那就是外趾（第四趾）關節非常柔軟，可以向前移動，當牠們想牢牢地抓住東西時，例如狩獵或是停在樹枝上的時候，會呈現「對趾型」，但當牠們站在地面等平坦的表面上時，或是放鬆沒有出力的時候，則會變成「不等趾型」。貓頭鷹能依據狀況改變趾型，這樣靈活的趾型被稱作「轉趾足」。

感知能力是人類的一百倍！
在黑暗中保有立體視覺的雙眼

斗大的眼睛

北方白臉角鴞

能用雙眼注視獵物的貓頭鷹，與其他動物相比，眼睛佔臉部的比例堪稱是最大的。貓頭鷹的臉孔也有點像人，所以才會讓人難以抗拒吧！

貓頭鷹用大大的雙眼凝視著我們的樣子，沒有人看了能不心動。我會這麼篤定地說，是因為貓頭鷹臉部正面的一對大眼睛，正是牠們最大的特徵與魅力，同時也是牠們具有卓越視覺能力的證據。其他眼睛長在兩側的鳥類，可以在臉部朝前的狀態下留意四面八方，擁有廣闊的視野。然而，雙眼都在前面的貓頭鷹，視野比較狹窄，大約只能看到一百二十度，但牠們的雙眼能同時瞄準的範圍卻有五十到七十度。透過以雙眼來注視獵物，可以獲得立體視覺，非常準確地把握自己與獵物的距離和位置。

此外，牠們的眼球是像鈴鐺一樣的圓柱形，有一個聚光能力極

134

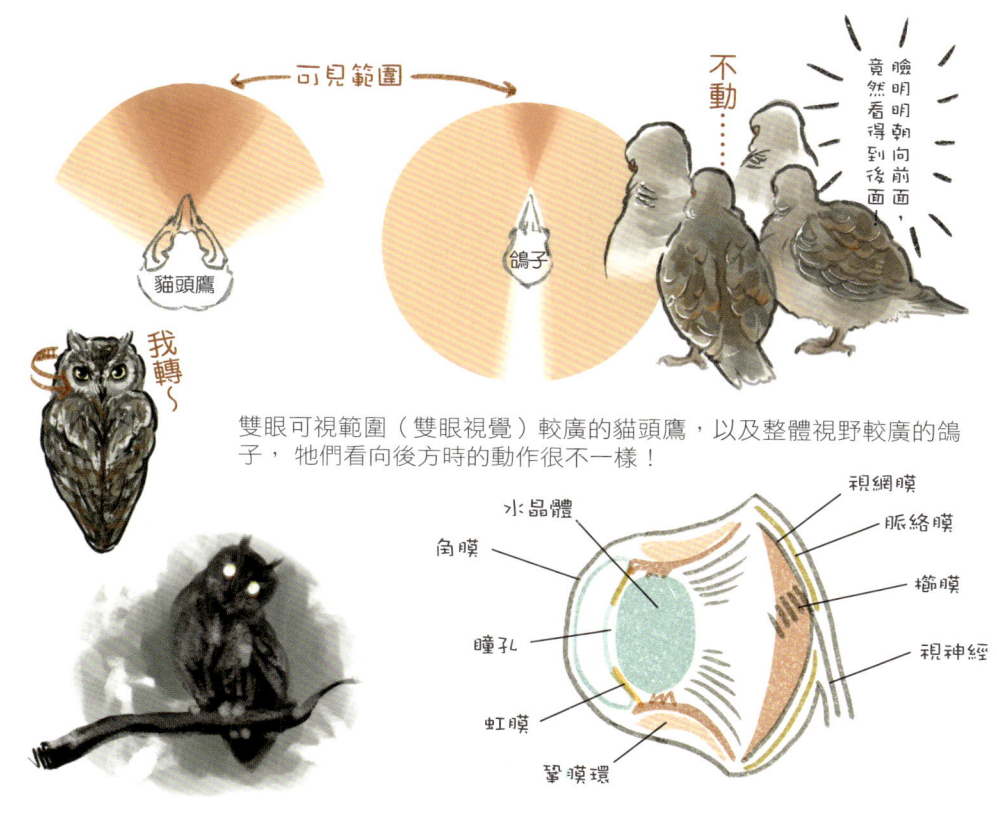

第3章 再怎麼可愛還是猛禽！貓頭鷹的身體解密

雙眼可視範圍（雙眼視覺）較廣的貓頭鷹，以及整體視野較廣的鴿子，牠們看向後方時的動作很不一樣！

貓頭鷹的眼睛在黑暗中轉動、發光……不知道的人還以為是幽靈！

貓頭鷹特殊的眼球。有些貓頭鷹甚至擁有比人類更大、更重的眼球。

好的大水晶體、厚厚的角膜、區分明暗的感光細胞，能使有許多視桿細胞的視網膜面積最大化。

在視網膜後面，有一層稱為「脈絡膜層（tapetum）」的反射膜，能反射光線並將其投射回視網膜上，類似於貓的眼睛在夜間發光的原理。

貓頭鷹獨特的眼睛構造，即使在人類伸手不見五指的野外環境，也能夠放大微弱的光線來看見東西，據說牠們眼睛的感光度比人類高出一百倍之多。雖然有人認為牠們在白天時反而會因為光線太刺眼而看不見，但其實就算在明亮的地方，牠們還是看得比人類清楚，不必替牠們擔心。

135

面帶微笑,其實是在睡覺?
不可思議的三層眼皮

微微笑

由下往上閉眼睛

具有「天使睡臉」、「微笑臉」的代表貓頭鷹——雪鴞。眼皮的凹凸處被白色羽毛遮住所以看不太清楚,只留下特別突出的黑色拱形眼框。

聽說有些國家的人覺得,日本動漫人物微笑時,眼睛閉上呈現彩虹般的拱形模樣,是一種很不可思議的表現方式。話說回來,微笑時就算會瞇起眼睛來,也不至於閉上眼睛對吧。

不過,貓頭鷹睡著的時候,看起來就像正在微笑的動漫人物,當牠們有睡意時,下眼皮會慢慢地往上遮住眼睛,變成完美的「微笑臉」。進入睡眠狀態或者長時間閉上眼睛時,是從下眼皮開始往上閉起,但如果是突然閉上眼睛或是眨眼等,這類只有一瞬間閉眼的時候,則是從上眼皮往下閉起的,真是神奇呢。

貓頭鷹的眼皮上會長出羽毛,這個眼皮能賦予牠們做出像是人

136

第 3 章　再怎麼可愛還是猛禽！貓頭鷹的身體解密

貓頭鷹的眼皮各式各樣，有的被羽毛覆蓋，有的則是皮膚外露，長出像睫毛一樣的羽毛。雜斑林鴞屬於後者，有著毛茸茸的睫毛。

微笑　由下往上閉

凝視　由上往下　由下往上

只閉單眼　由下往上

很危險餒

我要！　我的！我的！

呈半透明的瞬膜可以保護眼睛，避免餵養雛鳥時受傷，但是看起來也有點像在翻白眼？！

貓頭鷹的眼皮經常動來動去，可以做出像是笑臉、專注般的各種表情，如果只閉單眼，眼睛位置看起來還會不太一樣。

類的表情，或許這也是貓頭鷹給人聰明印象的原因之一，真的是一種很適合畫下來的生物。

除了上下眼皮之外，貓頭鷹其實還有第三個眼皮，被稱作「瞬膜」，它是一層薄薄的透明或半透明膜，透過從內眼角到外眼角水平移動來保護眼睛，就像雨刷一樣，可以清除附著在眼睛上的汙垢，並防止眼睛乾燥，是相當優秀的構造。當貓頭鷹撲向獵物準備捕捉的瞬間，或是在餵養雛鳥時因為雛鳥太激動，眼睛快要被刺傷時，瞬膜能及時保護眼球。貓頭鷹就是利用這特殊的三層眼皮來保護牠們的眼睛。

137

就像一架碟形收音器！敏銳感知聲音的獨特面盤

耳孔在這裡

烏林鴞的面盤非常發達，看起來就像是碟形衛星接收器，牠們臉上的羽毛也有助於收集聲音，整張臉完全不放過任何一點聲響。

貓頭鷹的臉型與其他鳥類不同，左右兩邊的中央處凹陷、整體則是呈現扁平狀，很接近碗的形狀。這個平坦的臉被稱為「面盤」，可以像碟形衛星接收器一樣，有效率地收集射向臉部的聲波。所以，貓頭鷹可愛的臉，可以說就是一架聲音接收器。簡單說明的話，碟形衛星接收器運用的是將平行進入的電波，透過碗形的拋物面反射，使電波聚集於一個點（焦點）的機制。

以貓頭鷹為例，左右兩側各呈現一個碗形，左側的聲音傳至左耳，右側的聲音傳至右耳，如此能清楚地區分左右兩側收集到的聲音差異，然後再根據其差異來判斷聲音的來源。

138

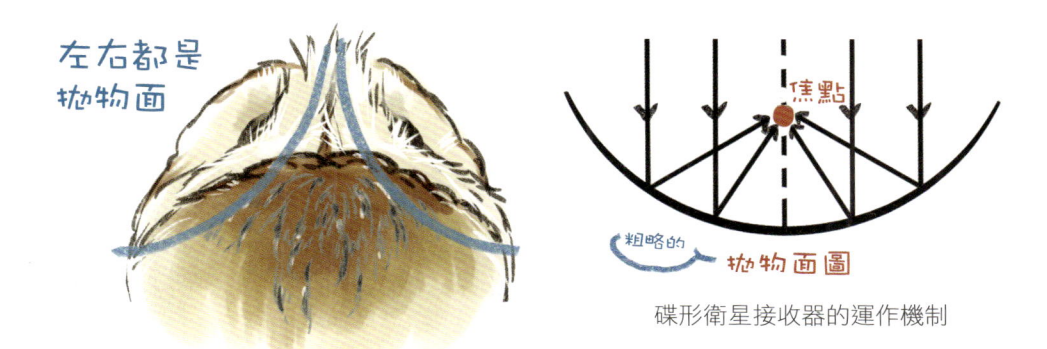

第 3 章　再怎麼可愛還是猛禽！貓頭鷹的身體解密

左右都是拋物面

由上往下看西方倉鴞的頭部，左右都呈現拋物面。

焦點

粗略的 拋物面圖

碟形衛星接收器的運作機制

哪裡？

人家好睏～

在哪裡？

為了狩獵而張開面盤的模樣以及休息中的模樣。

貓頭鷹整個臉部都覆蓋著細密的羽毛，臉部周圍和耳孔後面有硬硬的領狀羽毛圍繞，這樣的構造類似於人類將手放在耳後，以便能更清楚地聽見聲音。據說有實驗證實，若去除貓頭鷹臉部所有的羽毛，牠們便無法準確地追蹤獵物的位置。

貓頭鷹的面盤由肌肉和羽毛組成，在狩獵時會完全張開，休息時則往內側縮緊，因此即使是同一種貓頭鷹，在不同狀態下，臉孔看起來可能完全不同。還有，在漆黑的夜晚或深雪覆蓋的環境裡狩獵的貓頭鷹，由於非常仰賴聽覺能力，因此牠們的面盤會更加發達喔。

139

左右兩邊位置竟然不一樣！
隱藏起來的耳朵

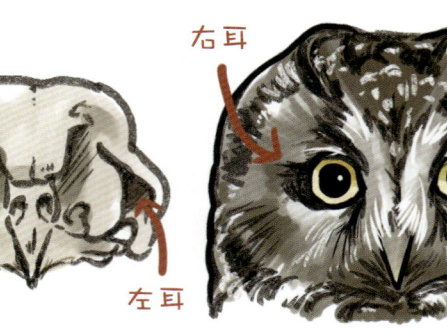

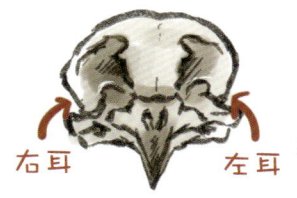

右耳　右耳

左耳　左耳

左右不對稱　　鬼鴞

右耳　左耳　右耳　左耳

左右對稱　　大鵰鴞

鬼鴞具有左右不對稱的耳孔，還有特殊的頭部骨骼構造，因為常被用來解說貓頭鷹的聽覺系統，以至於很多人以為貓頭鷹的耳孔都是不對稱的，其實，大多數貓頭鷹的頭部骨骼都屬於大鵰鴞這一類，是左右對稱的。

既然貓頭鷹是用整個臉部來收集聲音的，那麼最重要的耳朵到底在哪裡呢？如果你稍微撥開牠們眼睛旁邊和面盤邊緣交界處的羽毛，可以看到一個隙縫，把這個隙縫翻開，就會看到一個又大又深的半月形耳孔。像是烏林鴞的耳孔就長達四公分！更令人驚訝的是，聽覺能力特別出色的貓頭鷹，例如鬼鴞和烏林鴞，牠們左右兩側的耳孔位置是不對稱的，牠們也屬於面盤尤其發達的貓頭鷹。

貓頭鷹在空中飛行，並從樹上尋找地面的獵物，因此對牠們來說，從垂直方向來鎖定聲源位置的「聲源定位」是很重要的。不只是左右，也需要從上下方向來

140

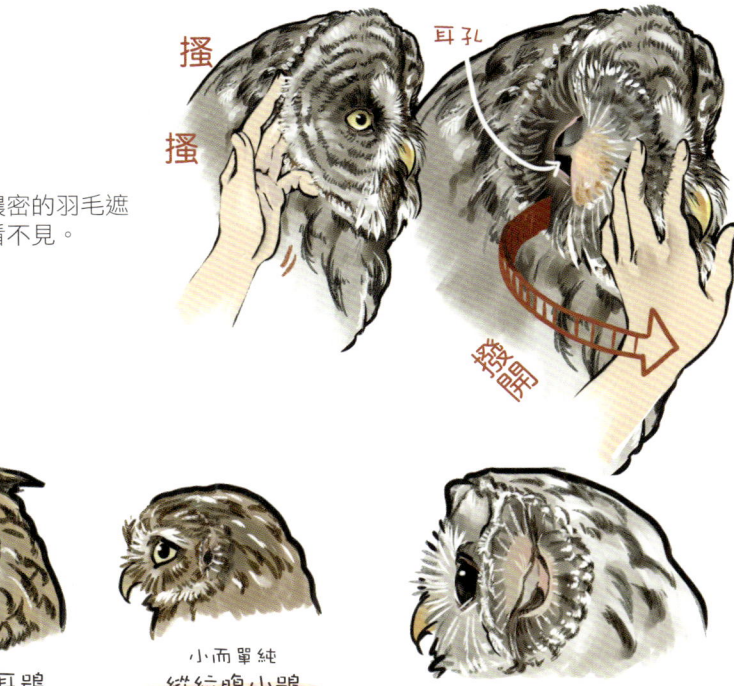

第 3 章　再怎麼可愛還是猛禽！貓頭鷹的身體解密

搔
搔

耳孔

烏林鴞的耳孔被濃密的羽毛遮住，所以從外觀看不見。

又大又複雜　長耳鴞

小而單純　縱紋腹小鴞

左右不對稱　長尾林鴞

貓頭鷹耳朵的形狀也各不相同喔！長尾林鴞常常被當作「骨骼左右不對稱」的貓頭鷹範本，但也有許多反論認為他們的「頭部骨骼也是左右對稱」，即使是同一種貓頭鷹，依據觀察者不同，意見也會產生分歧。有人認為「左右不同！」也有人認為「是相同的！」還有人認為「有些微不同……」真是眾說紛紜呢。

收音，牠們可以透過兩邊耳朵接收到聲音的時間差和音量差異，來提高聲源定位的精確度。

有實驗結果顯示，西方倉鴞即使在完全黑暗的情況下，也能單憑聲音捕捉到獵物。貓頭鷹處理聲音訊息的神經元數量是聰明的烏鴉的三倍之多，垂直方向的聲源定位準確度也達到人類的三倍，具備相當驚人的聽覺能力。

順便一提，耳孔左右不對稱的貓頭鷹只是少數，大多數貓頭鷹的耳孔都是左右對稱的。此外，有個說法是，即使外觀看起來好像耳朵位置左右不對稱，也只是由於皮膚等軟組織上的差異，其實裡面耳孔的位置是對稱的喔。

141

從耳朵裡看得到眼球？支撐大眼睛的奇妙骨頭

其實這是保護眼球的**特殊骨骼！**

有些人可能會對這個畫面感到不太舒服，所以在這裡只用簡易的圖畫來呈現。在觀察貓頭鷹耳朵時，還可以看到被鞏膜環和皮膚覆蓋的眼球喔，裡面的樣子會根據貓頭鷹的種類或是左右方向等而有所不同。

在貓頭鷹的耳朵裡，你會看到一個青白色略呈圓形的部分，你可能會想「這是不是內耳的一部分呢？」但實際上，這是眼球被特殊骨骼包覆著的樣子。「不會吧？看到這種東西沒問題嗎？」眼睛和耳朵的洞都這麼大，這樣還有腦袋的空間嗎？」我第一次看到時也感到相當震驚。

貓頭鷹有著高性能的大眼睛和大耳朵，但是為了飛行，牠們必須保持身體輕盈、只留下最低限度的構造，也就是將頭部構造精簡化，因此牠們的眼睛和耳朵近到幾乎相連在一起，而很佔空間的大眼睛則從頭骨上突出。為了支撐突出的眼睛，稱為「鞏膜環」的圓柱形骨頭會牢牢固定住

142

第 3 章　再怎麼可愛還是猛禽！貓頭鷹的身體解密

鞏膜環

長得有點像藤壺

轉，轉，

貓頭鷹的臉就像戴上了望遠鏡一樣，因為眼球無法單獨轉動，所以要連頭一起轉才行。

雛鳥時期「突出的圓柱狀眼睛」最明顯。

眼球，被固定的眼球沒辦法自由朝不同方向轉動，所以牠們必須靠著轉動脖子來解決這個問題，真是山不轉路轉的技能啊！

這兩個並列的圓柱狀骨骼就像是望遠鏡一樣，觀看遠處的時候很清楚，但要看近處物體就比較困難了，因此貓頭鷹的鳥喙周圍長有類似貓鬍鬚的「感覺毛」，即使看不清楚，也可以透過觸覺來掌握狀況。這也就是為什麼當鳥喙被觸碰到的時候，牠們會反射性地閉上眼睛。雖然剛才我說這是牠們的技能，但介紹到這裡，我只能讚嘆這是一種經過精巧設計的構造呀。

143

到底轉了幾圈呀？
上下左右靈活旋轉的脖子

我轉—

現在是怎樣

看起來好像會被扭斷！貓頭鷹的脖子柔軟到讓人覺得害怕。

因為貓頭鷹的眼珠無法像人一樣左右轉動，所以會透過轉動脖子來彌補看不到的視野。當想要看得更清楚、更準確聆聽以鎖定獵物位置時，牠們會頻繁地轉動頭部。光是上下左右擺動，就可以增加獲得的資訊量，提高立體視覺和聲源定位的精準度。這項能力讓牠們不必盲目地移動，只要停留在原地就能提高訊息的準確性，真是如有神助啊。

鳥類整體上比其他脊椎動物擁有更多脖子的骨頭——頸椎，人類和脖子長的長頸鹿都只有七個頸椎，貓頭鷹卻有十二到十四個頸椎。相較於脖子彎曲九十度就已經感到極限的人類，貓頭鷹的頸部不僅可以左右旋轉二百七十

144

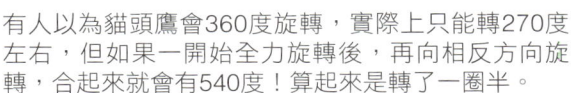

第 3 章　再怎麼可愛還是猛禽！貓頭鷹的身體解密

即使將頭整個轉向正後方，外型也不會改變，所以可能不會發現牠們正看向這邊！在雛鳥時期，牠們會更常把頭上上下下轉來轉去。

有人以為貓頭鷹會360度旋轉，實際上只能轉270度左右，但如果一開始全力旋轉後，再向相反方向旋轉，合起來就會有540度！算起來是轉了一圈半。

頸椎有多達14個骨頭，非常靈活!!

美國的醫學團隊發現，貓頭鷹下顎骨下方的血管可以暫時性地像袋子一樣膨脹，即使在旋轉脖子時，儲存在這個袋子中的血液也能確保大腦和其他重要功能得到必要的血流量，所以不會缺氧。另外，我們現在已經可以明確知道，通過貓頭鷹頸部附近的椎動脈和椎管等器官，因為具有特殊的結構，所以無論多麼劇烈旋轉，牠們的骨頭都不會折斷、血流也不會中斷。這樣聽來，實在令人放心不少呢。

度，還可以上下旋轉，甚至把臉整個倒轉過來。

145

看起來小小的⋯⋯卻可以一口吞掉獵物的嘴巴

嘴巴好小⋯⋯才怪！

啊～～

看起來小小的，實際上張開時卻大得嚇人。

與大眼睛一起並排在正面的小嘴巴，成為了貓頭鷹可愛的亮點。在猛禽類中，貓頭鷹的鳥喙與其他鷹類巨大且強而有力的鳥喙印象完全不同。你可能會想：「用這麼小的嘴巴吃肉一定很不方便吧⋯⋯」其實，貓頭鷹的嘴巴只是被羽毛遮蓋住了，實際上可以打開的幅度可是很大的喔。

不同於鷹類撕裂獵物的進食方式，貓頭鷹進食時，基本上是將獵物整個吞下去，所以比起看起來很大的嘴巴，有能夠張開得很大的嘴巴更重要。牠們的鳥喙向下彎曲，是為了不妨礙有收音功能的面盤和優越的視覺能力。

如果獵物的大小不能一口吞下，貓頭鷹會用尖銳的鳥喙撕裂

146

第 3 章　再怎麼可愛還是猛禽！貓頭鷹的身體解密

吞！

我吞！

這個大小差不多了

我撕！

牠們會巧妙地使用鳥喙，將獵物撕成容易食用的大小。
當達到適合的大小時，就一口氣全部吞下去。

舌頭上有看起來像心形的突起，
可以將獵物推入喉嚨內。

用舌頭壓進去

後再食用，如果是昆蟲的頭部或翅膀、螯蝦的鉗子等食物，則會用腳抓住那些礙事的部分，然後用嘴巴咬住、靈巧地扭轉並丟棄，一旦到了容易嚥入的狀態，就很乾脆地一口吞下去。就算獵物比牠們的頭還長，也會滑順且迅速地在牠們口中隱沒，就像在變魔術一樣。

不過，幼鳥往往沒有考慮到獵物的大小就急著撲向食物，結果就是吃到一半卡住，變得不知所措，或是只好直接吐出來。幼小的牠們必須透過吃不同的東西來學習，才能越來越擅長進食。

147

怪表情無極限！能自由移動的臉部肌肉

相較於哺乳類動物，鳥類常被認為是沒有表情的。要推測牠們各種時候的情緒，關鍵在於牠們的叫聲與行為。尤其鳥類為了飛行，構造上已經將不必要的部分削減到極限。沒錯，那不必要的部分就是臉部肌肉。

然而，鳥類當中，貓頭鷹的表情卻驚人的豐富。為了狩獵所發展出的特有身體機能，不但沒有讓牠們失去表情，反而讓牠們能做出更多有趣和奇怪的表情。

\縮緊/

兩邊的瞳孔可以各自調節光量，所以有時兩邊的眼睛看起來長得不太一樣。

畫面……崩壞？！

↑ 由下往上閉起
↓ 由上往下閉起

眼皮也可以分開動作，導致表情看起來很微妙。

148

第 3 章　再怎麼可愛還是猛禽！貓頭鷹的身體解密

我吐—

蓬鬆

蓬鬆

平常蓬鬆的羽毛一變服貼，印象就完全不同。

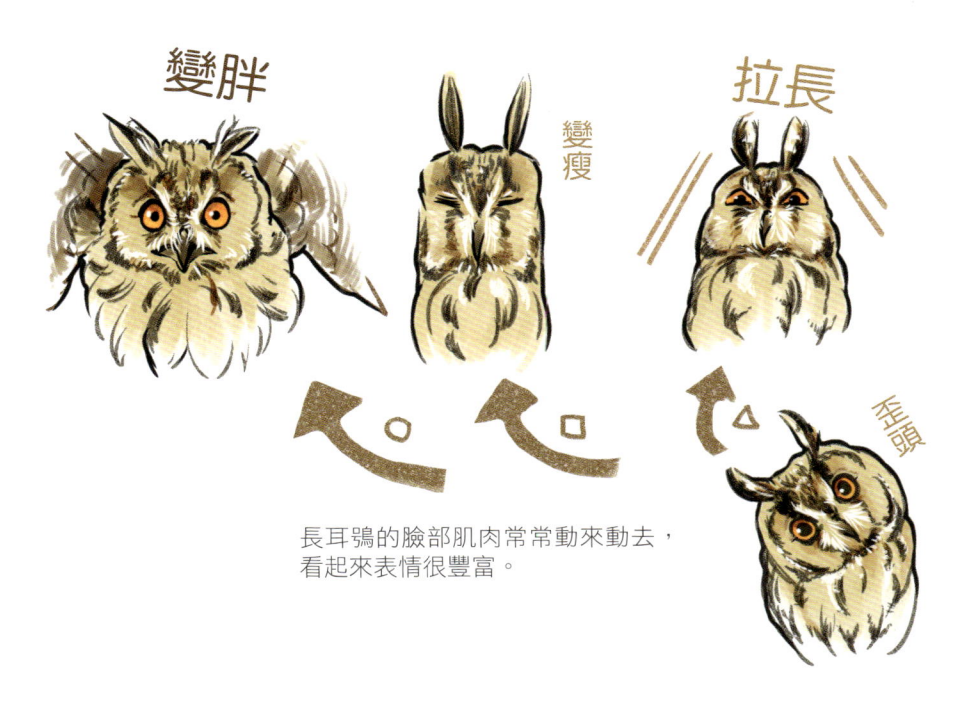

變胖

變瘦

拉長

歪頭

長耳鴞的臉部肌肉常常動來動去，看起來表情很豐富。

貓頭鷹會享受食物嗎？
能吃出味道、聞到氣味嗎？

人類有大約1萬個味蕾（隨著年齡增長而減少）來感知口中食物的味道，但鳥類只有幾十到幾百個左右的味蕾。

嗯～有股醇厚的香氣，還帶有宛如朝露般的些微酸味。

美味

有時即使是能夠一口吞下的食物，貓頭鷹也會花時間啄食，表現出細細品味的樣子。在飼養環境中，也很常見到牠們挑剔食物的樣子，所以我相信牠們能感受、享受味道和氣味。

大家在學校裡有稍微學過光的三原色吧！人類是透過光的三原色──「紅、綠、藍」三種光的波長來感知顏色的。當我得知這個色彩繽紛的世界，竟然是透過僅僅三種顏色的組合來識別的，感到非常驚訝。但更令人驚訝的是，許多鳥類竟然能夠看到人類看不見的紫外線，並將這個能力活用於狩獵和育幼當中。四原色的世界是多麼難以想像。

那麼在黑夜中的貓頭鷹，牠們所看到的顏色又是如何呢？

貓頭鷹的眼睛和人類一樣，都有在感知色覺上不可或缺的視錐細胞，雖然不多，但牠們理當是能看到一些顏色的。事實上，已有實驗證明，在白天活動的貓頭

150

第 3 章　再怎麼可愛還是猛禽！貓頭鷹的身體解密

閃亮

找到了！

找到了！

蝦毀？

晝行性　花頭鵂鶹

紅隼

什麼都沒發現的
夜行性貓頭鷹

晝行性的花頭鵂鶹，會利用田鼠尿液反射出的紫外線來尋找田鼠的棲息地（同樣利用紫外線來狩獵的鳥類是晝行性的猛禽類——紅隼）。

磨蹭　蹭

貓頭鷹的鳥喙和趾部有大量的神經，所以觸覺非常敏銳。除此之外，鳥喙和腳趾周圍還長有硬羽毛，能傳遞刺激。

保養敏感的鳥喙也是很重要的

鷹能夠識別一定程度的顏色，例如花頭鵂鶹甚至能感知到紫外線。然而，在這個實驗中，對於夜行性貓頭鷹是否能看到紫外線，還沒有明確的定論。而且，貓頭鷹的視覺和聽覺能力，似乎也會依據種類不同而有些差異。

其他關於貓頭鷹感官的研究比較少，資訊也很貧乏，因此無法給出更多明確的結論。不過，從眾多鳥類研究中可以得知，貓頭鷹應該也能夠感受到食物在口中的味道和聞到氣味。儘管鳥類的味覺和嗅覺通常被認為是不靈敏的，但這並不代表牠們完全沒有這些感覺喔。

151

牠好像受傷了？救援貓頭鷹前請留意！

發現寵物貓頭鷹時

啊！等等…

飛走

轟隆轟隆咻咻 好冷… 肚子餓了… 那是什麼？ 叭 可怕

在日本，「比烏鴉大的角鴞」幾乎都是寵物

尋鳥啟示 無視 嘎

好吧 只好 在這裡 生活了…

原生物種們
不要啊啊啊啊
縱紋腹小鴞曾經差一點野生化

我們可能會在意想不到的地方遇到貓頭鷹，如果是寵物貓頭鷹的話，確實需要保護牠們，但若是野生貓頭鷹，多餘的救援行動反而會讓牠們陷入危險，請特別留意哦。

152

發現野生貓頭鷹時

如果在路上發現貓頭鷹，牠可能是飼養後逃脫的個體，也可能是野生的。請注意，有些野生貓頭鷹也會在人類活動區域附近生活。

比想像中容易在戶外看到的野生貓頭鷹（領角鴞）

飼養的貓頭鷹缺乏在野外生存的能力，對牠們來說外界充滿了危險和壓力。相反的，對野生貓頭鷹而言，人類是牠們恐懼的對象，被人類保護本身就是一種壓力。

如果貓頭鷹腳上有腳環等物件，可以判斷是飼養的，請聯絡動物保育主管機關；如果是野生貓頭鷹，最好什麼都不要做。但若是發現牠們受傷了，請聯繫動物保育主管機關，因為可能有傳染病等問題。所以，帶貓頭鷹去動物醫院前，一定要事先聯繫相關單位。

過去曾經有逃脫的飼養個體，因為沒有被保護而野生化，導致生態系面臨崩壞危機。另一方面，如果是在自然界生活的野生貓頭鷹，即使很可愛也不能擅自飼養。雖然要一眼判斷是否為野生貓頭鷹並不容易，但平常就可以試著多了解居住地的野生鳥類喔！

153

擁有銳利的爪子和鳥喙,並且以捕食其他動物維生的鳥類,統稱為「猛禽類」。

「我常常被問⋯⋯你和老鷹誰比較強?」

要看狀況跟對手是誰耶。

嗯⋯⋯

上下不相

他們彼此不會做沒有意義的競爭。

154

第4章
從築巢到育幼，貓頭鷹日常大公開

大家都不一樣也沒關係！
貓頭鷹的生活方式

到目前為止，我們介紹了貓頭鷹豐富的個性和卓越的能力，接下來，我們將探討牠們神祕的日常生活，以及與飲食、居住有關的行為和育幼方式等。從貓頭鷹生活中的各方面，可以發現許多令人訝異的地方喔！

不同種類的貓頭鷹在外表和能力上各有差異，牠們的生活型態也千差萬別，因此，在談論貓頭鷹的時候，必須先確認談論的是什麼種類的貓頭鷹才行。

> 不是說貓頭鷹狩獵時很安靜嗎？

啊哦—
啊哦—

驚嚇

快逃！

有時候鵰鴞等貓頭鷹在捕捉哺乳類時，會刻意發出聲音，獵物聽到恐怖的聲音後，意識到自己被掠食者盯上，就會驚慌失措而發出聲響，從而曝露位置！一般認為，當貓頭鷹無法準確掌握獵物的位置，或希望獵物從牠難以著陸的地方移動出來時，就會耍心機地發出叫聲。

156

第 4 章　從築巢到育幼，貓頭鷹日常大公開

噠噠噠

不是說貓頭鷹狩獵時很安靜嗎？

熱呼呼　熱呼呼

穴鴞會故意在草原上跑來跑去，捕捉飛起來的昆蟲。像這樣生活在地下巢穴的鳥類，會把草原上滾落的動物糞便移到巢穴周圍，利用糞便發酵產生的熱能來取暖。除此之外，還會捕捉聚集在糞便上的甲蟲，或是從糞便中的卵孵化出來的甲蟲，真是充分利用便便啊……

各種貓頭鷹

盯

用耳朵狩獵　　用眼睛狩獵

從飲食方式、生存環境、尋找獵物到撫養幼鳥等等，貓頭鷹們的生活非常豐富多彩呢。

157

喝水要優雅慢慢喝，洗澡卻是一瞬間結束！

鳥喙伸得很深
咕嚕咕嚕咕嚕

張嘴

閉上嚥下

貓頭鷹和大多數鳥類一樣，是一口喝完才接下一口。能像人類一樣咕嚕咕嚕連續喝水的鳥類其實很少，只有鴿子之類才辦得到。

在以前的時代，沒有定點攝影機，所以我們很難看到貓頭鷹喝水或洗澡的樣子。也許是因為這樣，有越來越多的人認為「貓頭鷹能從獵物身上獲取水分，所以不需要喝水」、「貓頭鷹不喜歡喝水」。

確實，相較於人類，鳥類即使體內水分減少也能生活，但和「沒有水也能忍耐」、「沒有水也沒關係」是有很大差別的。雖然根據不同的種類和個體也會有所差異，但貓頭鷹其實是很常喝水的鳥類。那麼貓頭鷹是如何喝水的呢？牠們會用鳥喙舀起一口水，然後仰頭嚥下，喝完水後還會做出開闔鳥喙的動作，就好像是在細細品味一般。

158

第 4 章　從築巢到育幼，貓頭鷹日常大公開

貓頭鷹非常喜歡洗各種澡，就算是會越洗越髒的泥水，牠們也會毫不在意地享受。其他還有像是沙浴、雨水浴，當然還有最重要的日光浴。

水中沐浴　啪啪啪啪

雨水浴　嘩啦嘩啦

磨磨磨　沙浴

日光浴　暖和～

至於洗澡方式也很特別。貓頭鷹發現水源後，會先觀察四周一番，確認沒有問題後就衝進去洗起澡來。牠們怎麼洗澡呢？首先，把臉浸入水中搖一搖、再拍一拍尾羽，把羽毛反向豎立起來，用羽毛拍打水面製造水花，讓全身上下都沾濕。但就像「洗戰鬥澡」這個詞一樣，貓頭鷹洗澡也是一瞬間就結束了，因為牠們會在全身濕透之前立刻飛走。

除了水中沐浴之外，也有人目擊到牠們在雨中張開翅膀，全身沐浴於雨水中的樣子呢。

貓頭鷹的保養神器竟然是自製屁屁膏！

打開

從屁股稍微露出來的部分是貓頭鷹的尾脂腺，平常因為被羽毛蓋住的關係，幾乎看不到。

無論是多麼珍貴的物品，如果平時不注意保養，就無法發揮它真正的價值。而鳥類非常重視的就是牠們身上的羽毛。牠們會透過水中沐浴或沙浴，來去除身上的寄生蟲、污垢和舊的脂質，並認真梳理羽毛。這個過程就像是人類在浴室清潔身體後，接著拿出保養品護理皮膚，出門前再用髮蠟整理頭髮一樣。

而鳥類專用的保養品，竟然是來自牠們自己的臀部！那便是從尾羽根部的「尾脂腺」所分泌出來的脂質。當牠們需要梳理鬆散或糾結的羽毛時，就會用嘴巴取一些在屁股附近的脂質，然後塗在羽毛上。

雖說貓頭鷹的尾脂腺不太發

160

第 4 章　從築巢到育幼，貓頭鷹日常大公開

伸——

會分解成碎碎的 **粉絨羽**

毛茸茸

羽絨

以大腿和腰部為中心，夾雜在羽絨中生長的粉絨羽。這些羽毛不會脫落，而且會不斷地生長。

翻白眼

用力彎

整理脖子周圍的羽毛很麻煩！看牠多拚命……

細心梳理的羽毛可以適度防水。

達，但牠們有取而代之的特殊羽毛，稱為「粉絨羽」。這種羽毛的末端會碎裂分解成角蛋白質的粉末，有用來彌補油脂的作用。

貓頭鷹的羽毛本身就具有防水性，經過油脂和粉末處理之後，就能更有效地防水和防污。

順帶一提，除了整理後的美麗羽毛值得一看以外，貓頭鷹整理羽毛的姿態也是不能錯過的。試著擺看看和上圖相同的姿勢，你就會發現，把嘴巴伸到脖子和背部可是非常困難的啊，根本就是在表演特技吧！

161

窗戶上有貓頭鷹的幽魂！為什麼會撞上玻璃呢？

玻璃的反射會讓貓頭鷹誤以為前方還有風景，結果直接一頭撞上來……嗚，留下一道幽魂般的白色痕跡。

愛乾淨的貓頭鷹擁有柔軟且蓬鬆的羽毛，散發著淡淡甜甜的香氣，摸起來觸感極佳……但是當牠抖動身體或是抓癢時，會有細小的羽毛飛出，而且好像還有東西伴隨著一起掉落呢。低頭一看，可以發現地上散落著白色的粉末，這個粉末俗稱為「羽粉」，是粉絨羽的粉末和從尾脂腺分泌出來的脂肪變硬而形成的。雖然從外表看不出來，但其實貓頭鷹全身都由粉末覆蓋喔。

這樣「全身都粉粉的」貓頭鷹撞到玻璃窗時，會像是蓋章一樣，在玻璃上留下鮮明的白色痕跡。當鳥類撞到飛機、風力發電設施等人造物時，我們稱作「鳥擊」，但其實在城市中也會發生

162

第 4 章　從築巢到育幼，貓頭鷹日常大公開

在羽毛新生的「換羽期」，除了羽粉之外，包裹著新羽毛的吸管狀「羽鞘」也會裂開脫落，所以這個時期會有大量粉末散落。

我抓 我抓　癢癢

羽鞘　新羽毛

呼—

白白的

鴿子和鷺科成員等粉絨羽多的鳥類，一旦進到水中，就會有白色的粉末在水面上散開來。

為了防止鳥類撞上玻璃而死，可以在窗戶貼上防撞窗貼。也許是認為大多數小鳥會害怕猛禽類，很多窗貼都設計成貓頭鷹的圖案呢。

鳥擊，那就是因為沒有注意到是玻璃窗而一頭撞上去的「鳥類窗殺事件」。

一個以全玻璃打造、能夠一覽室外風景的時尚建築，對鳥類來說卻是很危險的障礙物。尤其是比貓頭鷹體型還小、飛行速度還快的鳥類，更容易因此而喪命。

要防止無辜的鳥類撞擊窗戶，必須使鳥類能識別玻璃，比如在窗戶貼上「防止鳥類撞擊的貼紙」，或是拉上窗簾等對策。如果你覺得家中的玻璃窗好像有點危險，務必試試看這些方法，就能避免可憐的鳥兒命喪黃泉。

嘴巴好像吐出了什麼東西！那個神祕塊狀物是？

嘔

呃

吐！

完成任務的表情

貓頭鷹要吐出食繭時看起來很痛苦，但吐完就會一臉神清氣爽。只要觀察食繭，就可以大概知道貓頭鷹吃了什麼哦！

正在悠閒休息的貓頭鷹突然張大嘴巴，看起來像要嘔吐一般非常不舒服的樣子⋯⋯就在我們開始替牠擔心的瞬間，從牠的嘴巴裡忽然吐出了一大塊東西，然後就像什麼事都沒發生一樣，牠又繼續睡起覺來。

「貓頭鷹吐了！是不是身體不舒服？」這時候你可能會感到困惑，但其實這是貓頭鷹的一種生理現象。貓頭鷹吞食獵物時會連骨頭、毛髮、羽毛等無法消化的東西也大量吞下，而將這些消化不良的物質固化後吐出來的東西，被稱作「食繭」。

常常捕捉哺乳類和鳥類等脊椎動物的貓頭鷹，吐出來的食繭會是頭骨等骨頭被毛髮和羽毛包裹

164

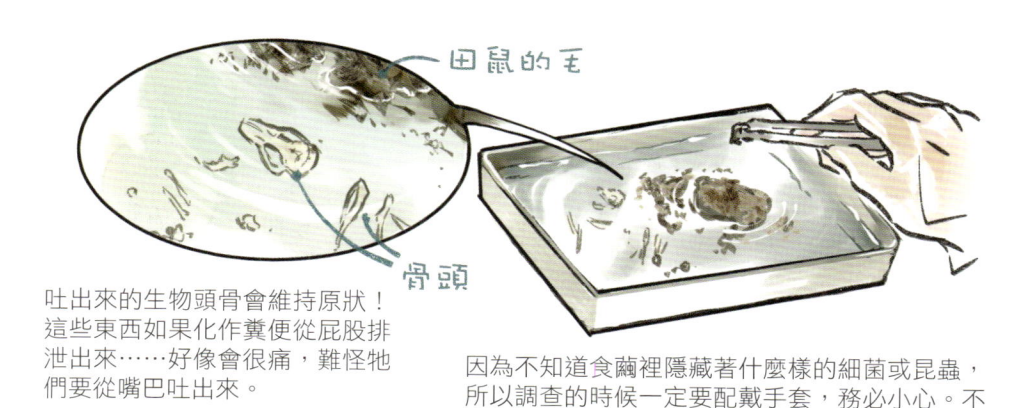

第4章　從築巢到育幼，貓頭鷹日常大公開

田鼠的毛

骨頭

吐出來的生物頭骨會維持原狀！這些東西如果化作糞便從屁股排泄出來……好像會很痛，難怪牠們要從嘴巴吐出來。

因為不知道食繭裡隱藏著什麼樣的細菌或昆蟲，所以調查的時候一定要配戴手套，務必小心。不過，也許會有意外的重大發現也不一定？

翠鳥　　　　　小嘴烏鴉　　　　鸕鶿

水生昆蟲的　　昆蟲的　種子等　　魚的鱗片　骨頭等
殘骸之類的　　殘骸

除了貓頭鷹以外，還有許多會吐出食繭的鳥類。據說麻雀還會吃烏鴉的食繭，而在中國有些地區的人會把鸕鶿的食繭當作感冒藥服用呢。

著的狀態。而常常捕捉昆蟲類和蜘蛛類等無脊椎動物的小型貓頭鷹，牠們的食繭中則會混雜著土壤、昆蟲的翅膀和腳。

「長耳鴞好像只吃田鼠呢」、「依據棲息地不同，貓頭鷹的晚餐菜單也會有所不同」等等，食繭提供了探索各種貓頭鷹飲食習慣的重要線索。然而，要尋找像土塊一樣，會隨著時間崩解的食繭相當困難。每種貓頭鷹排出食繭的時間也都不太一樣，但基本上，大部分的貓頭鷹會在進食後約十小時左右，站在喜愛的樹枝上吐出食繭。

身為夜間王者的貓頭鷹，白天卻被小鳥們欺負！

嘰嘰喳喳

嗶—

嗶—

許多種小鳥都會群聚滋擾貓頭鷹，有時候是單一種類群聚起來攻擊，有時候則是不同種類混合攻擊。在共同的敵人面前，大家就會團結一致。

在夜晚，貓頭鷹作為掠食者，是其他鳥類害怕的對象，但在白天時，立場卻是完全相反的哦。

白天，如果貓頭鷹不小心暴露了自己的身影，就會引起一陣大騷動。平常可愛地鳴唱的白頰山雀和北長尾山雀、鶺鴒等小鳥們會群聚在一起，繞著貓頭鷹飛來飛去，製造喧鬧。這種行為被稱為「群聚滋擾（偽攻擊）」，是一對一時立場較弱的生物，集合起來對掠食者發動類似攻擊的行為，以達到驅趕掠食者的目的。

不只是貓頭鷹，鷹類也會受到群聚滋擾，但小鳥們對付貓頭鷹時更加精力充沛。根據種類的不同，牠們的行為也各式各樣，可能會試圖啄對方眼睛或以身體撞

166

第 4 章 從築巢到育幼，貓頭鷹日常大公開

嘎嘎

呱啊啊

嘎嘎

看到貓頭鷹被身體龐大的烏鴉群滋擾時，我總是會很想幫助牠，但這就是自然界會有的現象，我們只能在一旁守護，祈禱牠能安然逃脫。

群聚滋擾的鳥兒也可能會反被攻擊，是一種冒著生命危險的行為。

擊，十分激烈。這樣的群聚滋擾會持續到貓頭鷹受不了牠們的騷擾、離開現場為止。

小鳥們的這種習性，其實從古代就為人所知，早在公元前六世紀，希臘的陶壺上就描繪了這樣的情景，後續也出現在雕塑與木版畫等素材上。在日本江戶時代，則有好幾張描繪貓頭鷹被小鳥嘲弄的作品，其中以鈴木其一的《群禽圖》最為著名，他是至今仍廣受歡迎的畫家。另外，在日本有一種叫作「木菟牽（牽引貓頭鷹）」的狩獵方式，就是利用小鳥的這種習性，以被綁在繩子上的貓頭鷹當作誘餌，吸引小鳥前來，再捕捉住小鳥，這種狩獵方式在國外也非常盛行哦。

167

這時候牠在做什麼呢？
不同季節的貓頭鷹生活樣貌

初春時，可以聽見貓頭鷹伴侶間相互鳴唱；夏天時，可以聽見雛鳥向父母討取食物的乞食聲；秋天時，母鳥會發出嚴厲的聲音，催促幼鳥獨立生活；冬天時，可以聽到牠們的鳴唱聲迴盪在森林中。

即使是夜夜傳來的貓頭鷹叫聲，也有著那個季節專屬的鳴囀特色喔！如果能夠了解貓頭鷹一整年的生活方式，即使是同樣的叫聲，聽起來也會變得格外深刻。下面以「長尾林鴞」為例，來介紹貓頭鷹在春、夏、秋、冬的生活樣貌。

3月
下蛋
每隔幾天下蛋，一次會產下2～4個蛋，雌鳥專心孵蛋，雄鳥則是勤奮地找食物。

4月
在鳥巢中育幼
雛鳥們依序孵化，等牠們慢慢長大後，雌鳥也會開始出門找食物。

5月
離巢
幼鳥對外面的世界充滿好奇，雖然還不能飛得很好，但也到了出去看看的時候！

6～8月
在鳥巢外育幼
幼鳥一邊從父母那裡取得食物，一邊學習狩獵與生存所需的技巧。

簡單來看，長尾林鴞一整年的生活方式如左圖。依據牠們生活的區域和種類，每年都會有一些變化喔。

第 4 章　從築巢到育幼，貓頭鷹日常大公開

冬天時飛到日本過冬，春天飛往西伯利亞的短耳鴞，本來應該是不會在日本育幼的……然而，2019年卻首次確認到牠們在日本繁殖，可見任何地方都會有例外存在。

夏季飛到日本的褐鷹鴞，比起長尾林鴞會晚大約兩個月才開始育幼。

12～2月
求愛

雌鳥、雄鳥活躍的二重唱，確認彼此心意，如果順利湊成對，就會開始準備下蛋。

10～11月
（親鳥）享受一個人的時間

為了面對嚴冬或下一個繁殖季節，要趁食物豐富的時候吃飽飽、好好儲備能量。

9～10月
（幼鳥）獨自生活、移動

幼鳥終於能離開父母的領域，展翅飛向屬於牠的新天地。

長耳鴞和北領角鴞中，有些幼鳥會遷徙到溫暖的南方。

169

禮物是一定要的！貓頭鷹的求愛儀式

啊—

好舒服　咬咬

雄鳥會送獵物給雌鳥，並且溫柔地替對方梳理羽毛，雙方看起來非常舒服。如果是飼養的貓頭鷹，也許是為了取代獵物，雄鳥會送自己的羽毛或玩偶作為禮物。

寒氣逼人的冬季，對人類來說是行動變得遲緩的季節，但對日本的貓頭鷹來說，卻是戀愛的季節喔。在世界其他地方，也有些貓頭鷹是在春季和夏季進入戀愛高峰期，但所有貓頭鷹的求愛行為都是一樣的。

首先，雄鳥會高聲歌唱愛的歌曲，雌鳥給予回應，彼此開始「二重唱」，確認對方的心意，就這樣開啟了繁殖季節。接著，雄鳥會鼓起白色的喉嚨歌唱，或者像是拍手般拍打翅膀以發出聲音，透過這些「展示行為」來表現自己，然後開始進行猛烈的禮物攻擊，雄鳥透過給雌鳥贈送食物的「求偶餵食」，來展示自己是多麼厲害的男人，同時也給即

170

第 4 章　從築巢到育幼，貓頭鷹日常大公開

啪　啪　啪　啪

呼喔—　呼喔—

鵰鴞讓自己的白色喉嚨膨脹起來（右圖）；長耳鴞邊飛邊像拍手一樣拍打翅膀（上圖），牠們各自拚命表現，證明自己是厲害的男人，同時也是在威嚇其他雄鳥，別靠近我的女人！

勤奮

打掃乾淨

巢穴的模樣

磨磨　摳摳

打造下蛋的窩（有點凹下去的地方）

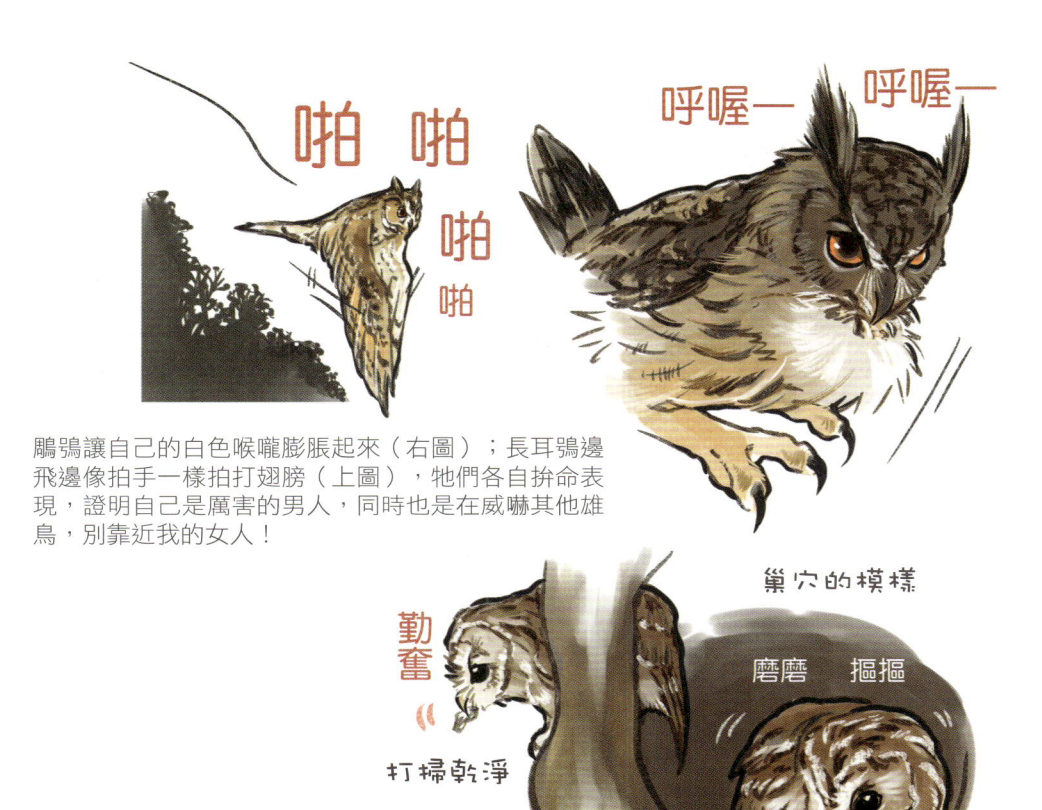

貓頭鷹會在領域內選擇一個心儀的地方，開始清理並隨意做出一個下蛋的窩，愛巢就完成了！這時候雌鳥終於可以安心下蛋。

將下蛋的雌鳥好好補充營養。雌鳥在孵蛋期間需要完全依賴雄鳥帶來的食物維生，因此求偶餵食也是評價雄鳥實力的重要機會，雄鳥帶回來的食物數量甚至可能影響雌鳥下蛋的數量。

當雄鳥符合雌鳥嚴格的要求，雌鳥收下雄鳥的禮物、成功結為連理後，牠們就會為彼此梳理羽毛、互相依偎著休息，變成非常恩愛的夫妻。貓頭鷹中有一夫多妻制的鬼鴞，也有每年都可能更換伴侶的雪鴞等，但基本上一旦配對成功，牠們就會長久地相伴相隨。

不擅長築巢，那就⋯⋯乾脆借住在別人家？

牠們的最愛是「樹洞」。貓頭鷹共同的煩惱是找不到合適的家，不過一旦找到了喜歡的地方，幾乎每年都會住在同一個巢穴呢。

雖然貓頭鷹擁有優越的狩獵能力，但卻不太擅長築巢。牠們不會自己組織樹枝來築巢，而是完全依賴他人，活用已經存在的巢穴。最基本款就是樹上的洞，也就是樹洞，牠們會心存感謝地利用菌類分解木材所形成的空間，或啄木鳥辛苦挖掘出的洞穴。

其中，小型貓頭鷹喜歡小的洞穴；而白頰鼯鼠把啄木鳥鑿的洞咬大擴建出來的洞穴，則非常受中型貓頭鷹歡迎。此外，牠們也會利用大樹枝枒上的空間築巢，還有一些貓頭鷹會再次利用其他鳥類的舊巢，比如在樹上用樹枝築成的烏鴉巢，對中型貓頭鷹來說很有吸引力，而大型貓頭鷹更喜歡使用鵰做的大巢。

172

第 4 章　從築巢到育幼，貓頭鷹日常大公開

除了樹木以外，鵰鴞的同伴們也會利用岩石地區的凹洞或裂縫築巢，而雪鴞和短耳鴞等移動性高的貓頭鷹，則會利用開闊土地的地面。

視野超好

這我挖的洞欸　　草原犬鼠
這我開的洞型　　普通撲動鴷
這我做的啦　　人類

貓頭鷹會厚臉皮地使用別人做的巢，有各式各樣的巢穴。

話雖如此，其實貓頭鷹很難找到適合築巢的樹洞或舊的巢穴。比如長尾林鴞的幼鳥離巢後，褐鷹鴞會緊接著利用牠們的鳥巢，所以條件好的巢穴是非常搶手的喔！有時候甚至還會為了巢穴而與其他動物發生爭吵。

而能成為毛腿魚鴞等大型貓頭鷹巢穴的大型樹洞，本來就很稀少，加上有巨大樹木的森林面積不斷減少，為了保護貓頭鷹，世界各地也紛紛展開了設置人工巢箱的活動，希望能給找不到適合巢穴的貓頭鷹一個家。

173

和雞蛋有點像耶？又白又圓的貓頭鷹蛋

平時看不到的粉紅色皮膚

褐鷹鴞的蛋跟乒乓球大小很接近。
雌鳥只有在這個時期身上會出現孵卵斑。

貓頭鷹的蛋和雞蛋一樣，都是白色偏橢圓的形狀。牠們的蛋在尺寸上也存在著個體差異，很難準確的說是幾公分大小，但如果是長尾林鴞的蛋，長軸大約是五公分左右，重量大約在四十到四十五克。大型貓頭鷹的蛋比較大，長軸約為六公分，小型貓頭鷹的蛋則比較小，長軸約為三點五公分。令人意外的是，雖然大型貓頭鷹和小型貓頭鷹的體型差異很大，但是他們的蛋大小並沒有差很多呢。

貓頭鷹蛋通常是醒目的白色且呈橢圓形，有人認為這是因為牠們在黑暗的樹洞中下蛋，不需要擔心蛋會掉落、破掉的緣故。但實際的原因目前還不清楚。

第 4 章 從築巢到育幼，貓頭鷹日常大公開

和在樹洞築巢的狀況不同，有些鳥巢建在樹杈上，圓圓的鳥蛋可能會掉下去，所以「翻蛋」（每隔幾小時就翻轉一次鳥蛋）時要非常謹慎。

北領角鴞　西方倉鴞　比較細長呢　長尾林鴞　很常見　雞　好大！毛腿魚鴞

貓頭鷹蛋&雞蛋比較示意圖

貓頭鷹的雌鳥每季平均生下二到四個蛋，繁殖力強的貓頭鷹則能生下六到八個蛋，通常是每隔幾天就會下蛋。而每到這個時候，雌鳥腹部的羽毛就會脫落，露出粉紅色的皮膚，看起來有點令人心疼，但其實這是為了直接用皮膚的溫度來孵蛋，是一種鳥類特有的現象，稱作「孵卵斑」，牠們會在體溫約四十度的狀態下，持續二十五到三十五天，日復一日不間斷的孵蛋。

到了雛鳥從蛋裡「孵化」出來的前幾天，就可以聽到來自蛋中雛鳥的聲音，這時候親鳥也會溫柔地啼鳴，彷彿在與孩子們對話，再過不久雛鳥就要誕生了。

從毛羽稀疏到蓬鬆柔軟！雛鳥的飛速成長

雛鳥會花二至三天的時間，不停敲打堅硬的蛋殼，直到蛋殼破裂、探出頭來抵達外面的世界。一旦孵化出來，牠們的成長就會加速進行。

剛孵化出來的時候，雛鳥們只會跟兄弟姊妹擠成一團，不是在睡覺，就是發出「乞食聲」向父母討食物。隨著雛鳥食量增加，雌鳥也會離開巢穴去獵食。雖然依據種類和成長情況會有些差異，但幼鳥大約在鳥巢裡度過一個月左右，就會開始準備離巢。

長尾林鴞（Ural Owl）
孵化！
濕潤而柔軟

卵齒

從蛋中孵化出來的動物會使用嘴巴，或是位於喙上的小突起「卵齒」，來敲破堅硬的蛋殼。

第4天　抖　抖

第8天　晃　晃

卵齒不知不覺就掉了，身體逐漸被稀疏的羽絨包覆。

第 4 章　從築巢到育幼，貓頭鷹日常大公開

第 **12** 天
躺平

第 **16** 天
冷靜一點……
嘿啾啾啾啾

感覺到要吃飯時，乞食聲會變得更激烈。

第 **20** 天
沒事吧
打嗝

西方倉鴞的手足

在鳥類的世界中，親鳥可能會淘汰生長不良的雛鳥，手足之間也會攻擊並殺死最小的雛鳥。不過，有人曾經目擊西方倉鴞的幼鳥將食物讓給最會叫「肚子餓了！」的弟妹。

第 **30** 天

雜斑林鴞的手足

最早孵化的雛鳥和最晚孵化的雛鳥，很明顯成長狀況不同。

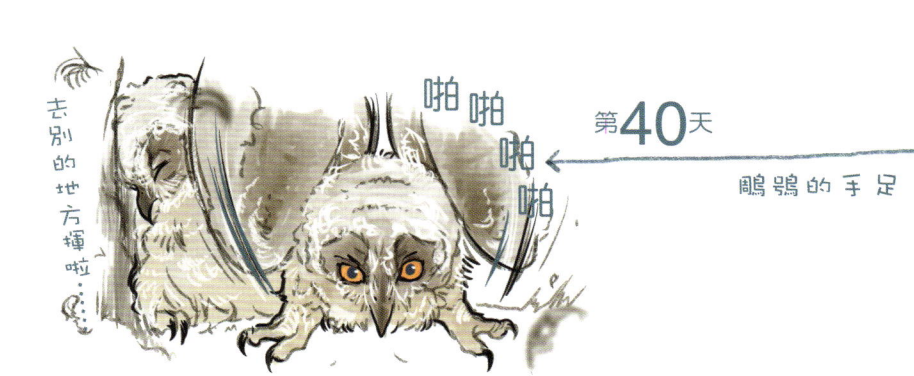

第 **40** 天
去別的地方揮啦
啪啪啪啪

鵰鴞的手足

伸展身體、嘗試揮動翅膀，再過不久就要離巢囉。

177

把肚子貼平，像鴨子一樣！
雛鳥超可愛的趴睡姿態

迷迷糊糊

雛鳥又在樹上打瞌睡了，看起來跟鴨子的睡姿很像。

貓頭鷹雛鳥有一種特殊的睡姿，那就是把肚子緊貼地面、非常可愛的「鴨子睡姿」，這是腿部肌肉還沒有發育完全的雛鳥特有的姿勢。如果以人類的動作來比喻，就好像我們蹲著睡覺一樣。把腳跟放下、肚子貼在地面上的鴨子睡姿，就是因為貓頭鷹肚子貼地坐著的樣子很像鴨子而得名，當然，即使是蹲著，牠們的腳趾仍牢牢抓著樹枝哦。

剛從蛋裡孵化出來的雛鳥，有時候會完全橫躺在地面上、雙腿伸直，睡得很沉的樣子。牠們把腿伸直熟睡的模樣看起來很舒服，但趴著睡的姿態卻像是昏倒在路上似的。

在人工飼養環境下的貓頭鷹，

178

第 4 章　從築巢到育幼，貓頭鷹日常大公開

懶洋洋一

這裡是腳跟

腳趾緊緊地抓住樹枝

只有在感到很安全時才會出現的睡姿。目前網路上有一些公開影片，是在鳥巢箱安裝攝影機下拍攝到的畫面，可以找來看看喔！

緊貼地面　躺平

在飼養環境中，即使是成鳥也會採取這種姿勢睡覺。但是在身體不舒服時，有時也會採取類似的姿勢，所以需要特別留意。

即使長大了，有些仍會維持著幼鳥的心態，擺出鴨子睡姿，這是一種在完全放鬆和安心的狀態下才會出現的特殊姿勢。然而，平常站著睡覺的貓頭鷹，如果做出倒在地面上的姿勢，第一次看到的人可能會嚇一跳，以為牠們死掉了吧。

另一方面，警覺性強的野生貓頭鷹不會在人類面前採取這種姿勢，但幸運的是，我們偶爾可以看到雛鳥在樹枝上擺出鴨子睡姿，或者透過安裝在鳥巢箱上的直播攝影機等，窺視到牠們趴著睡覺的可愛畫面。

179

踏上前往新世界的旅途！
幼鳥準備離巢

準備離巢的幼鳥長得就像布偶或是灰塵模樣的小精靈……讓人一眼就能分辨是幼鳥還是親鳥。在剛剛離巢的時候，常常可以看到幼鳥間相互依偎的情景。

在新綠耀眼的初夏，野生的幼鳥們會離開巢穴，展翅飛向外面的世界。雖然說是展翅，但這時候的牠們還不太擅長飛行。此時的貓頭鷹幼鳥們，全身包覆著蓬鬆灰色的「雛絨羽」，翅膀也還沒完全長成，在尚未成熟的狀態下就準備離巢了。牠們以踉蹌的腳步到處走來走去，散發著旺盛的好奇心，警覺性也不高，所以這個時期也是牠們最容易面臨生命危險的時候。

如果在這個時期，發現本來應該在樹上的貓頭鷹孤單地站在地上，大多數的人可能會擔心牠是從鳥巢中摔下來的，但實際上這些幼鳥只是在探險的途中，或是在訓練飛行時失敗了。無論如

180

第 4 章　從築巢到育幼，貓頭鷹日常大公開

離巢後也會跟父母討食，幼鳥特有的乞食聲也會逐漸產生變化。

嗶啾　唧啊　唧啊

窸窸　啪啪啪　嘎　窣窣　滑

在樹上滑倒、拍翅膀時碰到樹枝發出沙沙聲響、嘗試飛行失敗落地……要做到貓頭鷹特有的忍者般的行動，幼鳥還有很長的路要走。

什麼時候才要滾出門…　還是住家裡最好了～　還是老家最好……

也有離巢後又飛回來休息的幼鳥

有些幼鳥會待在父母身邊超過一年，也有不到一個月就離開父母、獨立生活的，貓頭鷹幼鳥開始獨立的時期各不相同。

何，貓頭鷹幼鳥擁有強健的腳力和銳利的爪子，可以輕易地爬上樹木，所以不用過度擔心喔。

離巢後的一段時間，幼鳥們還是需要仰賴父母的餵食，貪吃的幼鳥們會跟隨在父母身後干擾狩獵……喔不，是從父母那裡學習狩獵的技巧啦。在殘酷的自然環境下，幼鳥的存活率並不高，即便成功離巢，開始獨自生活，能平安度過第一年的幼鳥也是少之又少。因此，牠們必須趁著還在父母身邊的時候，對各種事物抱持興趣、認真探索，好好學習生存的技能呢。

181

為了我的孩子，跟你拼了！
親鳥在緊要關頭會搏命演出

受傷了!?

再會囉

咦!?

那隻貓頭鷹好像受傷了？其實那只是表象，貓頭鷹會透過精彩的演技將敵人的視線從自己的孩子身上引開！其他野鳥也會做出這類「擬傷行為」，如果遇見這種狀況，就假裝被騙一下吧。

撫養雛鳥的過程是連續不斷的苦難，因為在旁偷偷覬覦鳥蛋或雛鳥的天敵實在是太多了，就連二十四小時待在巢裡孵蛋的雌鳥也可能成為天敵的目標。位於樹上的鳥巢會面臨鳥鴉和其他猛禽的攻擊；位於樹洞的鳥巢如果被貓或臭鼬侵入則無處可逃；就算是懸崖上的鳥巢，也可能被靈巧攀登上來的浣熊盯上。

雖然貓頭鷹不擅長築巢，但保護巢穴的本領卻是一流的，隨著雛鳥的成長，親鳥會變得具有攻擊性，發現鳥巢或雛鳥附近有天敵時，會將身體撐大來威嚇對方，警告敵人不准再靠近！有時甚至會用鋒利的鉤爪進行攻擊。牠們也會表現出「擬傷」行為，

182

第 4 章　從築巢到育幼，貓頭鷹日常大公開

面對從空中襲擊而來的敵人，大鵰鴞的親鳥會展開翅膀威嚇敵人，以保護雛鳥。

嘩呀 嘩呀

嗚—

滾開!!

滾邊去！

我只是在散步而已啊！

幼鳥的活動範圍變大後，手足們會分散開來、隨心所欲地移動，親鳥必須一邊保護各個孩子，一邊狩獵。無論是人類還是鳥類，要照顧無法控制的孩子們都是非常辛苦的。

育幼中的貓頭鷹相當具有攻擊性且危險，即使只是在附近散步也會受到攻擊，甚至有人因此失明。

裝作受傷的樣子移動以吸引天敵注意，從而將天敵引離巢穴。

通常負責攻擊外敵的是雌鳥，而雄鳥則專注於獵食。以中型貓頭鷹為例，每天每隻雛鳥需要進食大約兩隻老鼠，如果有四隻雛鳥，再加上雌鳥的食量，一晚的伙食量最少就需要十隻老鼠，還得加上雄鳥自己的份，所以必須要捕獲相當可觀的獵物數量。

因此，育幼期間，即使是夜行性貓頭鷹也不能只在夜間狩獵，連白天也必須出來行動。如此悉心養育的雛鳥們長成幼鳥後，親鳥無私奉獻的態度會突然轉變，透過撞擊或恐怖的叫聲來威嚇幼鳥，促使牠們獨立生活。

當你發現落單的幼鳥，請別帶回家！

在父母身邊學習、成長的幼鳥

遇到一隻一動也不動的幼鳥，周圍也找不到鳥爸爸和鳥媽媽……在這種情況下，即使滿心想要提供幫助，但把牠們帶回家也會變成「善意的綁架」。

184

被人類飼養的幼鳥

還不太擅長飛行的幼鳥們，有時候會因為飛行失敗而掉到地面上，但親鳥會在稍遠的地方看顧著牠們。這個時候有人接近的話，會發現幼鳥動也不動、親鳥也沒有現身，這很可能是因為牠們對你（人類）感到警戒的緣故。

糟糕！貓頭鷹的幼鳥掉下來了，要趕快救牠才行！

什麼……？

感到害怕時會變僵硬

雖然幼鳥無法飛行，但牠們擁有健壯的腿可以爬上樹木哦。有時候親鳥會為了保護幼鳥而攻擊人類。想像展翅時全長達1公尺的巨大生物，伸出銳利的爪子朝你襲擊而來的樣子！所以人類最好還是保持安靜、儘快遠離吧。

我的孩子被偷走了！！

已經沒事了喔—

從開始離巢到真正離開父母的短暫期間，是幼鳥學習生存技能的關鍵時期，挑戰狩獵、了解什麼是危險和需要警惕的事物。如果被人類保護，就會失去從父母那裡學習的機會。

笑

好可愛……

雞肉

啊～

幼鳥的模樣很可愛，也很容易親近給予食物的人類。但如果某天覺得貓頭鷹長大了，應該回歸自然而放生，缺乏狩獵技能和警戒心的貓頭鷹會很難在野外生存，請不要衝動行事。另外，如果是野外的幼鳥，只要馬上釋放牠們，親鳥很快就能透過叫聲找到牠們囉！
◎臺灣禁止飼養貓頭鷹。

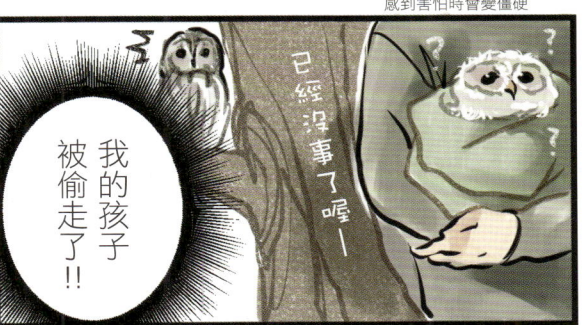

要保重…把你養得這麼大，真是欣慰…

肉肉在哪裡？

這裡是哪裡？

回到大自然去吧！

成就感

後記

在世界各地有許多努力生存的貓頭鷹們

可是，

由於經常發生路殺（交通事故），

空曠的道路會被牠們視為狩獵空間

以及受到農藥等環境汙染、獵物的減少，

還有森林砍伐、農地開墾等因素，造成牠們的棲息地遭到剝奪，也使牠們正面臨各式各樣的生存難題。

後記

當然，「保護大自然」和「珍惜大自然」，是很重要的事。

舒服的空間
紙的生產
文明的利器
穩定的食物來源
這本書就是這樣來到我手中的！
快速的物流
鋪設良好的道路
書籍

但由於開發與開拓，人類才得以過上舒適便利的生活，這也是事實。

所以，

選擇在地食材
我自己種的喔！
便宜不是第一優先
不使用違法開墾的木材
從當地的人工林來獲取木材

注意動物
40
小心駕駛
參加保育活動

比起互相推卸責任不如從自己開始，一個簡單的行動就能守護自然。

我們是懂得選擇的消費者

即使只是多關注、了解身邊的自然環境與生物，也能發現保護它的方法。

貓頭鷹是森林豐實的象徵也是生態健全的指標！希望可愛的貓頭鷹們能夠和我們一起長久地生活在地球上。

最後，我要大力感謝所有閱讀本書的人，以及負責監修的柴田佳秀先生、田上理香子女士和其他相關製作人員，還有，即使被妨礙我寫作的貓咬了，還是替我照顧牠的家人。同時，也感謝平時給予我支持的大家，以及那些持續研究、觀察貓頭鷹的前人們，因為有你們，我才能完成這本書，非常感謝你們。

永田 鵄

參考文獻

＊參考書籍

- 福本和夫 著《フクロウ　私の探梟記》（法政大学出版局，1982 年）
- Karel H. Voous, Owls of the Northern Hemisphere（MIT Press，1988）
- 宮崎学 著《フクロウ》（平凡社，1989 年）
- 飯野徹雄 著《フクロウの文化誌　イメージの変貌》（中央公論新社，1991 年）
- 飯野徹雄 著《フクロウの民俗誌》（平凡社，1999 年）
- Floyd Scholz, Tad Merrick, Owls（Stackpole Books，2001）
- クリス・ミード 著、斎藤慎一郎 譯《フクロウの不思議な生活》（晶文社，2001 年）
- 滝沢信和 著《フクロウを撮る　農業青年の観察苦闘記》（岩波書店，2002 年）
- 加茂元照/波多野鷹 著《ザ・フクロウ　飼い方＆ 世界のフクロウカタログ》（誠文堂新光社，2004 年）
- BIRDER 編集部 著《フクロウ　その生態と行動の神秘を解き明かす》（文一総合出版，2007 年）
- 小林誠彦 著《フクロウになぜ人は魅せられるのか　わたしのフクロウ学》（木魂社，2008 年）
- フランク・B・ギル 著、山階鳥類研究所 譯《鳥類学》（新樹社，2009 年）
- デズモンド・モリス 著、伊達淳 譯《フクロウ　その歴史・文化・生態》（白水社，2011 年）
- Tim Birkhead, Bird Sense: What It's Like to Be a Bird（Bloomsbury Publishing PLC, 2012）
日本野鳥の会 著《ヒナとの関わり方がわかるハンドブック》（日本野鳥の会，2013 年）
- BIRDER 編集部 著《BIRDER 2015 年 9 月号　完全保存版 フクロウ類大全》（文一総合出版，2015 年）
- 柴田佳秀 著《生きもの好きの自然ガイド このは No.9　世界のフクロウがわかる本 とっておきの 100 種》（文一総合出版，2015 年）
- マイク・アンウィン 著、五十嵐友子 譯《世界で一番美しいフクロウの図鑑》（X-Knowledge，2017 年）
- ハイモ・ミッコラ 著、五十嵐友子 譯、早矢仕有子 監修《世界のフクロウ全種図鑑》（X-Knowledge，2018 年）
- BIRDER 編集部 著《BIRDER 2021 年 6 月号　アオバズクとコノハズク》（文一総合出版，2021 年）
- 日本野鳥の会 著《こんばんはシマフクロウ》（日本野鳥の会，2022 年）

＊參考網站

- 生物日誌／首章一紅皮書報告・紅皮書名錄的概要：https://ikilog.biodic.go.jp/Rdb/
- 「eBird」：https://ebird.org/
- 「Owl Research Institute」：https://www.owlresearchinstitute.org

ㄖ
乳黃鵰鴞 …………………………………… 110
熱帶鳴角鴞 ………………………………… 84

ㄗ
棕斑林鴞 …………………………………… 97
棕櫚鬼鴞 …………………………………… 70
縱紋角鴞 …………………………………… 85
縱紋腹小鴞 ………………………… 75、76、141、152
雜斑林鴞 ……………………………… 101、137、177
鬃鴞 ………………………………………… 117

ㄘ
草鴞 ………………………………………… 56
叢鷹鴞 ……………………………………… 117

ㄙ
蘇拉威西角鴞 ……………………………… 19

ㄠ
澳洲鷹鴞 …………………………………… 63

ㄡ
歐亞角鴞 …………………………………… 80

ㄧ
牙買加鴞 ……………………………… 93、116
伊斯帕尼奧拉草鴞 ………………………… 54
印度領角鴞 …………………………… 79、85
印度鵰鴞 ……………………………… 12、112
眼鏡鴞 ……………………………………… 102
鷹鴞 ………………………………………… 35
優雅角鴞 ……………………… 19、20、22、28
優雅角鴞大東亞種 ………………………… 29

ㄨ
烏拉爾貓頭鷹 ……………………………… 25
烏林鴞 ………………………… 50、94、138、140
烏草鴞 ……………………………………… 57

屬名

ㄅ
斑魚鴞屬 …………………………………… 115
帛琉角鴞屬 ………………………………… 116
白臉角鴞屬 ………………………………… 64

ㄇ
鳴角鴞屬 ……………………………… 82、84
美洲角鴞屬 ………………………………… 116
猛鴞屬 ……………………………………… 66

ㄉ
鵰鴞屬 ………………… 40、42、44、106、108、110、112、114、115

ㄌ
栗鴞屬 ……………………………………… 58
林鴞屬 ………… 24、94、96、98、100、101
林斑小鴞屬 ………………………………… 117

ㄍ
冠鴞屬 ……………………………………… 68
鬼鴞屬 ……………………………… 32、70
古巴鳴角鴞屬 ……………………………… 104

ㄎ
恐鴞屬 ……………………………………… 116

ㄐ
角鴞屬 …………………… 26、28、30、78、80、84、85
姬鴞屬 ……………………………………… 86

ㄔ
長鬚鵂鶹屬 ………………………………… 116

ㄒ
小鴞屬 ………………………… 72、74、76、117
鵂鶹屬 …………………………… 88、90、91

ㄗ
鬃鴞屬 ……………………………………… 117

ㄘ
叢鷹鴞屬 …………………………………… 117
草鴞屬 ………………………… 52、54、56、57

ㄦ
耳鴞屬 …………………………… 36、38、92、116

ㄧ
鷹鴞屬 …………………………… 34、60、62
牙買加鴞屬 ………………………………… 116
眼鏡鴞屬 …………………………………… 102

ㄩ
魚鴞屬 ………………………………… 44、115

索引

種名（含日本特有名稱）

ㄅ
北領角鴞⋯⋯⋯⋯⋯ 20、22、30、79、85、129、169、175
北領角鴞琉球亞種⋯⋯⋯⋯⋯⋯⋯⋯⋯⋯⋯⋯⋯ 31
北方白臉角鴞⋯⋯⋯⋯⋯⋯⋯⋯⋯⋯⋯⋯ 64、134
帛琉角鴞⋯⋯⋯⋯⋯⋯⋯⋯⋯⋯⋯⋯⋯⋯⋯ 116
斑頭鵂鶹⋯⋯⋯⋯⋯⋯⋯⋯⋯⋯⋯⋯⋯⋯⋯⋯ 91
斑鵰鴞⋯⋯⋯⋯⋯⋯⋯⋯⋯⋯⋯⋯⋯⋯⋯⋯ 106
斑點林鴞⋯⋯⋯⋯⋯⋯⋯⋯⋯⋯⋯⋯⋯⋯⋯ 100

ㄇ
毛腿魚鴞⋯ 11、23、44、114、115、118、127、173、175
毛腿魚鴞東北亞亞種⋯⋯⋯⋯⋯⋯⋯⋯⋯⋯⋯⋯ 45
美洲角鴞⋯⋯⋯⋯⋯⋯⋯⋯⋯⋯⋯⋯⋯⋯⋯ 116
馬島草鴞⋯⋯⋯⋯⋯⋯⋯⋯⋯⋯⋯⋯⋯⋯⋯⋯ 57
猛鴞⋯⋯⋯⋯⋯⋯⋯⋯⋯⋯⋯⋯⋯ 18、66、131
猛鷹鴞⋯⋯⋯⋯⋯⋯⋯⋯⋯⋯⋯⋯⋯⋯⋯⋯⋯ 60

ㄈ
法老鵰鴞⋯⋯⋯⋯⋯⋯⋯⋯⋯⋯⋯⋯⋯⋯⋯ 113
非洲草鴞⋯⋯⋯⋯⋯⋯⋯⋯⋯⋯⋯⋯⋯⋯ 56、57

ㄉ
大鵰鴞⋯⋯⋯⋯⋯⋯ 107、108、130、140、183
東方角鴞⋯⋯⋯⋯⋯⋯⋯ 17、19、22、26、29、81
東美鳴角鴞⋯⋯⋯⋯⋯⋯⋯⋯⋯⋯⋯⋯⋯ 51、83
短耳鴞⋯⋯⋯⋯⋯⋯ 21、22、37、38、119、169、173
鵰鴞⋯⋯⋯⋯⋯ 23、42、122、130、156、171、173、177
鵰鴞華南亞種⋯⋯⋯⋯⋯⋯⋯⋯⋯⋯⋯⋯⋯⋯ 43
鵰鴞西伯利亞西部亞種⋯⋯⋯⋯⋯⋯⋯⋯⋯⋯ 43

ㄊ
條紋耳鴞⋯⋯⋯⋯⋯⋯⋯⋯⋯⋯⋯⋯⋯⋯ 11、92
兔子貓頭鷹⋯⋯⋯⋯⋯⋯⋯⋯⋯⋯⋯⋯⋯⋯⋯ 92

ㄋ
紐西蘭鷹鴞⋯⋯⋯⋯⋯⋯⋯⋯⋯⋯⋯⋯⋯⋯⋯ 62
南方鵰鴞⋯⋯⋯⋯⋯⋯⋯⋯⋯⋯⋯⋯⋯⋯⋯ 113
南方白臉角鴞⋯⋯⋯⋯⋯⋯⋯⋯⋯⋯⋯⋯⋯⋯ 65

ㄌ
林斑小鴞⋯⋯⋯⋯⋯⋯⋯⋯⋯⋯⋯⋯⋯⋯⋯ 117
栗鴞⋯⋯⋯⋯⋯⋯⋯⋯⋯⋯⋯⋯⋯⋯⋯⋯⋯ 58
領角鴞⋯⋯⋯⋯⋯⋯⋯⋯⋯⋯⋯⋯⋯⋯⋯ 78、85

ㄍ
古巴鳴角鴞⋯⋯⋯⋯⋯⋯⋯⋯⋯⋯⋯⋯⋯⋯ 104
冠鴞⋯⋯⋯⋯⋯⋯⋯⋯⋯⋯⋯⋯⋯⋯⋯ 68、117
鬼鴞⋯⋯⋯⋯⋯⋯⋯⋯⋯⋯ 22、32、59、140、171

ㄎ
恐鴞⋯⋯⋯⋯⋯⋯⋯⋯⋯⋯⋯⋯⋯⋯⋯⋯⋯ 116

ㄏ
灰林鴞⋯⋯⋯⋯⋯⋯⋯⋯⋯⋯⋯ 13、50、81、98
灰面草鴞⋯⋯⋯⋯⋯⋯⋯⋯⋯⋯⋯⋯⋯⋯⋯⋯ 54
灰鵰鴞⋯⋯⋯⋯⋯⋯⋯⋯⋯⋯⋯⋯⋯⋯⋯⋯ 114
花頭鵂鶹⋯⋯⋯⋯⋯⋯⋯⋯⋯⋯ 18、88、127、151
紅胸鵂鶹⋯⋯⋯⋯⋯⋯⋯⋯⋯⋯⋯⋯⋯⋯⋯⋯ 91
黃魚鴞⋯⋯⋯⋯⋯⋯⋯⋯⋯⋯⋯⋯ 18、45、115
黑倉鴞⋯⋯⋯⋯⋯⋯⋯⋯⋯⋯⋯⋯⋯⋯⋯⋯⋯ 55
黑斑林鴞⋯⋯⋯⋯⋯⋯⋯⋯⋯⋯⋯⋯⋯⋯⋯ 101
褐林鴞⋯⋯⋯⋯⋯⋯⋯⋯⋯⋯⋯⋯⋯⋯⋯⋯ 101
褐魚鴞⋯⋯⋯⋯⋯⋯⋯⋯⋯⋯⋯⋯⋯⋯⋯⋯ 115
褐鷹鴞⋯⋯⋯ 11、12、21、22、34、63、117、169、173、174
橫斑林鴞⋯⋯⋯⋯⋯⋯⋯⋯⋯⋯⋯⋯⋯⋯⋯ 100
橫斑魚鴞⋯⋯⋯⋯⋯⋯⋯⋯⋯⋯⋯⋯⋯ 115、131
橫斑腹小鴞⋯⋯⋯⋯⋯⋯⋯⋯⋯⋯⋯⋯⋯⋯⋯ 74

ㄐ
姬鴞⋯⋯⋯⋯⋯⋯⋯⋯⋯⋯⋯⋯ 86、122、131

ㄒ
穴鴞⋯⋯⋯⋯⋯⋯⋯⋯⋯⋯ 72、75、77、131、157
西美鳴角鴞⋯⋯⋯⋯⋯⋯⋯⋯⋯⋯⋯⋯⋯ 82、125
西方倉鴞⋯⋯⋯⋯ 15、50、52、55、59、81、118、121、
125、127、139、141、175、177
雪鴞⋯⋯⋯⋯⋯⋯ 21、23、40、118、136、171、173
項圈領角鴞⋯⋯⋯⋯⋯⋯⋯⋯⋯⋯⋯⋯⋯⋯⋯ 79
巽他領角鴞⋯⋯⋯⋯⋯⋯⋯⋯⋯⋯⋯⋯⋯ 79、85
鵂鶹⋯⋯⋯⋯⋯⋯⋯⋯⋯⋯⋯⋯⋯⋯⋯⋯⋯ 91

ㄔ
赤褐鵂鶹⋯⋯⋯⋯⋯⋯⋯⋯⋯⋯⋯⋯⋯⋯⋯⋯ 90
長耳鴞⋯⋯⋯⋯⋯ 22、36、43、141、149、165、169、171
長眉貓頭鷹⋯⋯⋯⋯⋯⋯⋯⋯⋯⋯⋯⋯⋯⋯⋯ 68
長鬚鵂鶹⋯⋯⋯⋯⋯⋯⋯⋯⋯⋯⋯⋯⋯⋯⋯ 116
查科林鴞⋯⋯⋯⋯⋯⋯⋯⋯⋯⋯⋯⋯⋯⋯⋯⋯ 96
茶目領角鴞⋯⋯⋯⋯⋯⋯⋯⋯⋯⋯⋯⋯⋯⋯⋯ 78
長尾林鴞⋯⋯⋯ 12、14、16、20、23、24、50、99、124、
129、141、168、173、174、176
長尾林鴞九州亞種⋯⋯⋯⋯⋯⋯⋯⋯⋯⋯ 25、50
長尾林鴞日本亞種⋯⋯⋯⋯⋯⋯⋯⋯⋯⋯ 25、50
長尾林鴞本州亞種⋯⋯⋯⋯⋯⋯⋯⋯⋯⋯ 25、50
長尾林鴞樅山亞種⋯⋯⋯⋯⋯⋯⋯⋯⋯⋯ 25、50

ㄕ
沙漠鵰鴞⋯⋯⋯⋯⋯⋯⋯⋯⋯⋯⋯⋯⋯⋯⋯ 113
柿仔鴞⋯⋯⋯⋯⋯⋯⋯⋯⋯⋯⋯⋯⋯⋯⋯⋯⋯ 27
食猴鵰鴞⋯⋯⋯⋯⋯⋯⋯⋯⋯⋯⋯⋯⋯⋯⋯ 111

191

台灣廣廈 國際出版集團
Taiwan Mansion International Group

國家圖書館出版品預行編目（CIP）資料

令人大開眼界的貓頭鷹圖鑑：長相和行為超有個性！謎樣習性x獨特生態x反差萌
特徵,80種世界貓頭鷹大揭密 / 永田鵄著. -- 新北市：美藝學苑出版社, 2025.07
192面 ; 17x23公分
ISBN 978-986-6220-93-7(平裝)

1.CST: 鴞形目 2.CST: 動物圖鑑

388.892025　　　　　　　　　　　　　　　　　　　　　　　114006700

美藝學苑

令人大開眼界的貓頭鷹圖鑑
長相和行為超有個性！謎樣習性x獨特生態x反差萌特徵，80種世界貓頭鷹大揭密

作　　　者／永田鵄　　　　　　總編輯／蔡沐晨・編輯／許秀妃・特約編輯／彭文慧
監　　　修／柴田佳秀　　　　　封面設計／陳沛涓・內頁排版／菩薩蠻數位文化有限公司
審　　　訂／林大利　　　　　　製版・印刷・裝訂／東豪・弼聖・秉成
譯　　　者／謝孟蓁

行企研發中心總監／陳冠蒨　　綜合業務組／何欣穎　　　線上學習中心總監／陳冠蒨
媒體公關組／陳柔彣　　　　　　　　　　　　　　　　　企製開發組／張哲剛

發　行　人／江媛珍
法律顧問／第一國際法律事務所 余淑杏律師・北辰著作權事務所 蕭雄淋律師
出　　　版／美藝學苑
發　　　行／台灣廣廈有聲圖書有限公司
　　　　　　地址：新北市235中和區中山路二段359巷7號2樓
　　　　　　電話：（886）2-2225-5777・傳真：（886）2-2225-8052

代理印務・全球總經銷／知遠文化事業有限公司
　　　　　　地址：新北市222深坑區北深路三段155巷25號5樓
　　　　　　電話：（886）2-2664-8800・傳真：（886）2-2664-8801
郵政劃撥／劃撥帳號：18836722
　　　　　　劃撥戶名：知遠文化事業有限公司（※單次購書金額未達1000元，請另付70元郵資。）

■出版日期：2025年07月　　　ISBN：978-986-6220-93-7
　　　　　　　　　　　　　　版權所有，未經同意不得重製、轉載、翻印。

TOKIMEKU FUKURO EZUKAN
Copyright © 2023 NAGATA Fukurou / Supervised by Shibata Yoshihide
Original Japanese edition published in Japan in 2023 by SB Creative Corp.
Traditional Chinese translation rights arranged with SB Creative Corp. through Keio Cultural Enterprise Co., Ltd.
Traditional Chinese edition copyright © 2025 by Taiwan Mansion Publishing Co., Ltd.